RECHERCHES

SUR

LES SYSTÈMES MÉTRIQUES

LINÉAIRES

DE L'ANTIQUITÉ.

RECHERCHES

SUR LE PRINCIPE, LES BASES ET L'ÉVALUATION

DES

DIFFÉRENS SYSTÈMES MÉTRIQUES

LINÉAIRES

DE L'ANTIQUITÉ.

PAR P. F. J. GOSSELLIN,

DE L'INSTITUT DE FRANCE (ACADÉMIE ROYALE DES INSCRIPTIONS ET BELLES-LETTRES), OFFICIER DE LA LÉGION D'HONNEUR, L'UN DES CONSERVATEURS-ADMINISTRATEURS DE LA BIBLIOTHÈQUE DU ROI, ASSOCIÉ ÉTRANGER DE L'ACADÉMIE DE GŒTTINGUE.

A PARIS,

DE L'IMPRIMERIE ROYALE.

1819.

RECHERCHES

SUR LE PRINCIPE, LES BASES ET L'ÉVALUATION

DES

DIFFÉRENS SYSTÈMES MÉTRIQUES

LINÉAIRES

DE L'ANTIQUITÉ. *

QUAND j'ai publié ma Méthode pour l'évaluation des mesures itinéraires employées par les Grecs et les Romains (1), je me suis borné à ce qui concernoit la géographie de ces peuples. J'aurois craint de trop compliquer une question déjà assez épineuse par elle-même, si je l'avois entremêlée de discussions qui auroient eu un rapport moins direct avec l'objet que je m'étois proposé : il me suffisoit de montrer que la diversité des mesures géodésiques, recueillies par les Grecs, dérivoit de celle des modules dans lesquels, depuis un temps immémorial, étoit exprimée l'étendue de la circonférence de la terre.

Aujourd'hui j'examinerai d'où provenoit la différence de ces modules, et je ferai voir comment il est possible de déduire d'un élément unique la valeur de toutes les mesures qui composent les divers systèmes métriques de l'antiquité.

---

* Lues à l'Académie royale des Inscriptions et Belles-Lettres, le 31 octobre 1817.

(1) Voyez les *Observations préliminaires et générales*, dans le premier volume de la Traduction française de Strabon; ou le même Mémoire augmenté, dans le quatrième volume de mes *Recherches sur la Géographie systématique et positive des anciens*.

A

Je diviserai ces Recherches en trois parties : dans la première, je parlerai des systèmes métriques réguliers, c'est-à-dire de ceux dont toutes les subdivisions découlent d'un même élément; dans la seconde, je m'occuperai des systèmes irréguliers, ou de ceux qui renferment des mesures étrangères les unes aux autres; dans la troisième, j'examinerai les systèmes métriques employés par les Arabes du moyen âge et par quelques autres peuples.

Ces différens systèmes présentent la nomenclature des principales mesures usuelles, telles que le doigt, le palme, le pied, la coudée, le pas, l'orgyie, le stade, le mille, &c., avec leurs proportions relatives. Mais, parmi ces mesures, celles qui précèdent le stade, n'ayant pas de type constant dans la nature, ne peuvent être évaluées isolément : le stade, au contraire, étant donné, par les astronomes et les géographes de l'antiquité, pour une partie aliquote de la circonférence de la terre, offre un moyen sûr de retrouver la longueur qu'on lui attribuoit, en la déduisant de celle du degré terrestre. Alors le stade devient nécessairement le module d'après lequel toutes les autres mesures doivent se conclure; mais, ce module différant dans chaque système, il faut commencer par rechercher quelle peut être la cause de ces variations, et sur quelle base elles se trouvent établies.

PREMIÈRE PARTIE.

SYSTÈMES MÉTRIQUES RÉGULIERS.

Si l'on rassemble les différentes évaluations du périmètre de
la terre que les anciens nous ont transmises ou indiquées, on
en trouvera neuf; et je les range dans l'ordre suivant :

400000 stades (1).	240000 stades (4).	270000 stades.... (7).
300000 ...... (2).	180000 ...... (5).	225000 .... (8).
360000 ...... (3).	216000 ...... (6).	250000 ou 252000 (9).

En voyant des évaluations si dissemblables, on peut demander
si elles sont les résultats de plusieurs opérations distinctes, ou
si l'on doit croire qu'une première mesure de la terre, modifiée
dans la suite, aura suffi pour produire les variations que je viens
d'exposer.

M. Bailly est le seul, je crois, qui ait cherché à résoudre
une partie de ces questions. Trouvant, dans les systèmes

---

(1) Aristot. *De Cœlo, lib. II, cap. 14,
pag. 472.*

(2) Archimed. *in Arenario, pag. 277 et
sequent.*

(3) L'Edrisi, *Geogr. Nubiens. in prolog.
pag. 2.* — Le texte porte 36000 milles. On
verra bientôt que les milles itinéraires étoient
composés de 10 stades; ainsi la mesure attribuée par l'Édrisi à Hermès, c'est-à-dire aux
Égyptiens, donnoit au périmètre de la terre
360000 stades.

(4) Posidon. *apud* Cleomed. *lib. I, cap. 10,
pag. 52.*

(5) Posidon. *apud* Strab. *lib. II, pag. 95.*

— Ptolem. *Geograph. lib. I, cap. 7, 11.*

(6) C'est le stade olympique compris huit
fois dans le mille romain, et dont parlent
Polybe, Strabon, Columelle, Pline, Frontin, Censorin, Isidore de Séville, &c.

(7) C'est le stade italique de 10 au mille
romain.

(8) C'est le stade du dolique syrien, dont
la valeur sera établie dans le cours de ce
Mémoire.

(9) Eratosth. *apud* Cleomed. *lib. I,
cap. 10, pag. 55,* — *et apud* Hipparch. Gemin.
Vitruv. Strab. Plin. Censorin. Macrob. Mar-
tian. Capell. &c.

métriques des anciens, deux coudées dont les longueurs étoient entre elles comme 3 est à 4, il en a conclu que ces coudées avoient servi jadis de modules pour former les stades de 400000 et de 300000 à la circonférence de la terre. Il suppose ensuite que d'autres coudées, plus grandes de deux tiers que les précédentes, et différant aussi entre elles dans la proportion de 3 à 4, avoient servi également à fixer la longueur des stades de 240000 et de 180000 (1).

Ainsi, dans l'hypothèse de cet astronome, il faudroit croire que quatre petites mesures, arbitrairement établies, se sont trouvées, par un hasard fort étrange, être des parties aliquotes les unes des autres, et, ce qui seroit plus étonnant encore, que les multiples de chacune de ces mesures isolées auroient donné, en nombres ronds, la circonférence de la terre.

Le concours de ces circonstances est sans doute bien difficile à admettre. De plus, dans l'hypothèse des 400000 stades, il faudroit supposer que le degré terrestre auroit été reconnu pour être précisément de 444444, 444.... coudées; et, dans l'hypothèse des 300000 stades, de 333333, 333.... coudées. Des séries semblables, toujours composées des mêmes chiffres, seroient encore un motif puissant pour ne pas permettre de croire que le hasard eût produit de pareils résultats.

L'application de ces stades à la mesure du degré actuel offriroit des difficultés d'un autre genre : 400000 ou 300000 stades, divisés par 360, feroient croire que le degré auroit été trouvé de 1111,111.. ou de 833,333.. stades; or, pour qu'on se crût obligé de tenir compte de la première fraction, il auroit fallu qu'on fût certain d'avoir la mesure du degré à un dix-millième près,

(1) Bailly, *Histoire de l'Astronomie moderne*, tom. *I*, liv. *IV*, pag. *143 et suivantes.* *Éclaircissemens, liv. III*, pag. *505 et suiv.* — Cet auteur n'a point parlé des stades de 360000, de 216000, de 270000 et de 225000.

c'est-à-dire à moins de six toises, et l'on sait qu'une pareille certitude est presque impossible à obtenir.

Tant d'invraisemblances me portent à penser que ces nombres bizarres de 1111,111 et de 833,333, que nous employons aujourd'hui, ne sont plus ceux qui exprimoient, dans les stades dont il est question, l'étendue que les anciens donnoient originairement au degré terrestre, et que si, dans la suite, ces nombres ont représenté la valeur du degré, c'est parce qu'ils sont devenus les résultats de combinaisons nouvelles et différentes de celles pour lesquelles les stades de 400000 et de 300000 avoient été créés.

Mais comment ces nouvelles combinaisons ont-elles été amenées ! et comment, en dernière analyse, les différens stades qu'elles ont produits se trouvent-ils composés de parties aliquotes les uns des autres !

Cette circonstance très-remarquable, et à laquelle on n'a pas fait assez d'attention, laisse entrevoir que les neuf stades précédens sortoient d'une même source, et provenoient d'un même type présenté sous divers aspects ; et, quoique les anciens ne nous aient rien appris à ce sujet, il m'a paru que leur silence pouvoit être suppléé par les faits qui naissent de l'examen et de la comparaison des mesures qu'ils nous ont transmises. En effet, si la théorie qui en résulte conserve les rapports que les différens stades doivent garder entre eux ; si elle conduit à découvrir à-la-fois l'unité de mesure d'où ils découlent, et l'origine de leurs diverses longueurs; si elle sert à expliquer comment toutes les mesures partielles se rattachent aux mesures générales, et celles-ci à une base unique; si enfin elle produit, par des moyens simples, les mêmes résultats que les anciens avoient obtenus, la question ne sera-t-elle pas à-peu-près décidée !

LES MOYENS dont je parle consistent à reconnoître une première mesure de la terre, et à admettre des différences dans la méthode de graduer sa circonférence et d'en subdiviser les degrés.

Dès l'instant où les Grecs se sont occupés de géographie astronomique, on les voit rapporter et comparer la valeur de toutes les distances itinéraires qu'ils recueilloient, à l'étendue de la circonférence du globe ; et cet usage atteste que, d'après une tradition constante, les modules des stades et ceux des milles étoient regardés comme des parties aliquotes de cette circonférence, et par conséquent comme des résultats positifs d'une mesure de la terre.

Quant à la division du cercle en plusieurs parties, cette division étant arbitraire, on conçoit que l'on a pu varier sur le nombre des degrés dans lesquels sa circonférence devoit être partagée. Si, dès l'origine, les cercles de la sphère avoient été divisés en 360 degrés, seroit-il présumable que les astronomes et les géographes se fussent réunis pour diviser l'équateur et les méridiens terrestres en 400000 ou en 300000 parties, et qu'ils eussent compliqué, par cet étrange moyen, toutes les opérations et les calculs qui devoient soumettre la description de la terre aux observations astronomiques !

Je ne puis le penser. Les nombres de 400000, de 300000 et de 360000 stades, donnés au périmètre de la terre, me paroissent rappeler trois méthodes, ou plutôt trois essais, successivement appliqués à la division du cercle en 400, en 300 et en 360 degrés (1). C'est de là, en effet, et des différentes subdivisions de ces degrés, qu'on verra sortir les divers stades, les milles itinéraires et les autres mesures dont j'ai à parler.

---

(1) M. Letronne pense que la division du cercle en 360 degrés fut inconnue aux Grecs avant la fondation de l'École d'Alexandrie, et qu'ils ne paroissent pas en avoir fait usage avant Hipparque. *Journal des Savans, décembre 1817, pag. 747.*

DES STADES ET DES MILLES ITINÉRAIRES PRIMITIFS.

LA PLUS SIMPLE des divisions du globe de la terre, celle qui le partageoit en quatre par l'équateur et par un méridien, a dû être la première employée, de même que la division décimale de chacune de ces quatre parties en cent degrés, puis du degré en cent minutes, et de la minute en dix parties. Alors les centièmes de degré terrestre furent pris, comme on le verra, pour former les milles itinéraires, et les millièmes de degré pour former les stades : de sorte que la circonférence de la terre se trouva partagée en 400 degrés et en 400000 stades.

Ce mode de division, qui ne permettoit d'avoir en nombres entiers que la moitié, le quart du cercle, le cinquième, et leurs sous-multiples, fit imaginer ensuite de partager le cercle en 300 degrés, pour qu'il fût en outre divisible par tiers, sixièmes, douzièmes, &c. Ces degrés, d'un tiers plus grands que les premiers, furent divisés, comme eux, en cent et en mille parties ; et l'on ne compta plus, au périmètre du globe, que 300000 stades.

Enfin, le nombre 360 offrant vingt-quatre diviseurs, et par conséquent encore plus de facilité dans les opérations, on fut porté définitivement à partager le cercle en 360 degrés ; on les divisa comme on avoit fait jusqu'alors, et la circonférence de l'équateur eut 360000 stades.

Telles durent être les origines successives des trois plus anciens systèmes métriques dont les élémens nous sont parvenus. Pour s'en assurer, il suffit de soumettre aux trois divisions précédentes les 4000 myriamètres attribués par nos astronomes à la circonférence de la terre, et d'en extraire les différens résultats, sauf à justifier ensuite les valeurs qu'ils présenteront.

Sous ces divers aspects,

4000 myriamètres, divisés par 400, auroient donné,

Mètr.

Pour chaque degré.............................. 100000, 000.
Pour chaque centième de degré, ou pour le mille itinéraire.   1000, 000.
Pour chaque millième de degré, ou pour le stade......   100, 000.

Pour la circonférence de la terre, { 40000 milles,
400000 stades.

4000 myriamètres, divisés par 300, auroient produit,

Mètr.

Pour chaque degré........................... 133333, 333.
Pour chaque centième de degré, ou pour le mille itinéraire.   1333, 333.
Pour chaque millième de degré, ou pour le stade.....   133, 333.

Pour la circonférence de la terre, { 30000 milles.
300000 stades.

4000 myriamètres, divisés par 360, auroient fait compter,

Mètr.

Pour chaque degré............................ 111111, 111.
Pour chaque centième de degré, ou pour le mille itinéraire.   1111, 111.
Pour chaque millième de degré, ou pour le stade......   111, 111.

Pour la circonférence de la terre, { 36000 milles.
360000 stades.

Les résultats de ces réductions en mètres vont continuer de servir de bases pour l'évaluation des mesures, dans tous les systèmes métriques suivans.

DES STADES ET DES MILLES SECONDAIRES.

LES LONGUEURS des mesures précédentes restèrent fixes et indépendantes des trois différentes divisions du cercle; et quand, par la suite, le partage du degré centésimal en soixante minutes

eut

eut prévalu sur l'ancien partage en cent minutes, il ne dérangea rien à ces mesures déjà consacrées par l'usage ; mais il en fit naître d'autres, de deux tiers plus grandes, que les écrivains de l'antiquité nous ont aussi transmises (1).

On vient de voir que le degré de 400 à la circonférence de la terre dut être de 100000 mètres ; si l'on divise cette somme par 60, on aura,

Pour chaque soixantième, ou pour le mille itinéraire..... 1666^m, 667.

Pour la dixième partie du mille, ou pour le stade....... 166 , 667.

Pour la circonférence de la terre, $\begin{cases} 24000 \text{ milles.} \\ 240000 \text{ stades.} \end{cases}$

De même le degré de 300 ou de 133333^m, 333, divisé par 60, donnera,

Pour le mille itinéraire........................... 2222^m, 222.

Pour le stade.................................... 222 , 222.

Pour la circonférence de la terre, $\begin{cases} 18000 \text{ milles.} \\ 180000 \text{ stades.} \end{cases}$

Et le degré de 360 ou de 111111^m, 111, divisé par 60, produira,

Pour le mille itinéraire......................... 1851^m, 852.

Pour le stade................................... 185 , 185.

Pour la circonférence de la terre, $\begin{cases} 21600 \text{ milles.} \\ 216000 \text{ stades.} \end{cases}$

Enfin, lorsque la division du cercle en 360 degrés de 60 minutes chacun eut été généralement adoptée, il fallut proportionner le nombre des milles et des stades précédens à la division

____

(1) *Suprà, pag. 3.*

sexagésimale, sans rien changer à leur valeur; et c'est alors que l'on eut, pour chaque degré,

$$\left.\begin{array}{l} 111 \text{ milles } \tfrac{1}{9}\ldots \\ 1111 \text{ stades } \tfrac{1}{9}\ldots \end{array}\right\} \text{ du stade de } 400000 \text{ à la circonférence de la terre.}$$

$$\left.\begin{array}{l} 83 \text{ milles } \tfrac{1}{3}\ldots \\ 833 \text{ stades } \tfrac{1}{3}\ldots \end{array}\right\} \text{ du stade de } 300000.$$

$$\left.\begin{array}{l} 100 \text{ milles}\ldots\ldots \\ 1000 \text{ stades}\ldots\ldots \end{array}\right\} \text{ du stade de } 360000.$$

$$\left.\begin{array}{l} 66 \text{ milles } \tfrac{2}{3}\ldots \\ 666 \text{ stades } \tfrac{2}{3}\ldots \end{array}\right\} \text{ du stade de } 240000.$$

$$\left.\begin{array}{l} 50 \text{ milles}\ldots\ldots \\ 500 \text{ stades}\ldots\ldots \end{array}\right\} \text{ du stade de } 180000.$$

$$\left.\begin{array}{l} 60 \text{ milles}\ldots\ldots \\ 600 \text{ stades}\ldots\ldots \end{array}\right\} \text{ du stade de } 216000.$$

On voit donc, comme je l'avois soupçonné, que les nombres rompus et les fractions qui expriment maintenant en milles et en stades la valeur du degré terrestre, proviennent des seules modifications d'une mesure primitive donnée en nombres ronds, et transportée ensuite dans les différens modes employés pour la division du cercle et la subdivision de ses degrés.

DE LA COMPOSITION DES SYSTÈMES MÉTRIQUES ANCIENS.

LE PLUS ANCIEN des systèmes métriques dont je viens de parler, avoit sans doute été précédé par des mesures de convention prises dans les proportions du corps humain, comme l'indiquent les noms de doigt, de palme, de pied, de coudée, d'orgyie, qui se sont conservés jusqu'à nous. Mais le Tableau général qui termine ces Recherches, fait voir que les auteurs de la mesure de la terre, ceux qui en ont modifié les résultats, et ceux qui en ont composé des systèmes métriques, n'ont eu aucun égard à ces modules incertains ét variables. Ils s'en inquiétèrent si peu, qu'ils les remplacèrent successivement par d'autres modules auxquels ils donnèrent les mêmes noms, mais qui, devenus ou plus grands ou plus petits, n'offrirent bientôt que des rapports éloignés avec les objets qu'ils avoient désignés auparavant. C'est ainsi que la coudée varia chez les anciens, depuis 250 millimètres jusqu'au-delà de 555, et l'orgyie depuis 1 mètre jusqu'à 2^{m}, 222, quoique l'orgyie semble avoir été calquée originairement sur la taille commune de l'homme.

Les différens milles et les différens stades dont il vient d'être question, paroissent avoir été long-temps les moindres mesures astronomiques employées par les anciens, pour exprimer l'étendue des pays, des continens, et celle du globe entier. Mais, ces mêmes mesures étant trop grandes pour les usages ordinaires de la vie, il fallut les diviser et les subdiviser en différentes parties, pour les rendre applicables à l'agriculture, aux arts et au commerce. Le mode suivi pour ces premières divisions a dû être analogue à celui qu'on avoit employé dans l'ancien partage du cercle, c'est-à-dire que le stade a dû commencer par être divisé en parties décimales; et, autant qu'il est possible d'en juger d'après l'ensemble et la forme des systèmes métriques qui nous sont parvenus, on fit,

De la dixième partie du stade, la mesure nommée amma ;
Et de la centième partie du stade, la mesure nommée orgyie.

Ensuite,

La moitié de l'orgyie donna la double coudée, que j'appellerai verge;
Le quart donna la coudée commune ou ordinaire;
Le huitième, la spithame;
Et, dans cette hypothèse, le dixième de la spithame forma le doigt décimal.

Alors,

La spithame étant de........   10 doigts *décimaux*,
La coudée ordinaire fut de....   20;
La verge, de...............   40;
L'orgyie, de...............   80.;
L'amma, de.................   800;
Le stade, de...............   8000;
Le mille, de...............   80000.

QUAND, par la suite, on voulut substituer à la division *décimale* du stade une division *duodécimale*, telle qu'elle nous est parvenue, sans toucher aux mesures dont l'usage s'étoit établi, on ne fit que réduire d'un sixième la longueur du doigt *décimal*, pour le transformer en doigt *duodécimal;* et les mesures précédentes, sans changer de valeur, se trouvèrent composées, savoir:

La spithame, de............   12 doigts *duodécimaux;*
La coudée ordinaire, de.....   24;
La verge, de...............   48;
L'orgyie, de...............   96;
L'amma, de.................   960;
Le stade, de...............   9600;
Le mille, de...............   96000.

CEPENDANT, en faisant disparoître les doigts décimaux, on ne renonça pas à suivre la progression décimale dans l'emploi du doigt duodécimal; mais, ses produits ne pouvant s'appliquer aux mesures précédentes, on en créa de nouvelles, et l'on forma

Le demi-pygon (1), de.........	10 doigts *duodécimaux ;*
Le pygon, de...............	20 ;
Le pas simple, de...........	40 ;
Le pas double, de..........	80 ;
La calame, de..............	160 ;
Le plèthre, de.............	1600.

Ces dernières mesures, intercalées parmi les précédentes, donnent la plus grande partie de celles que les anciens nous ont transmises. Les autres mesures n'entrent point dans ces séries : le condyle, le palme, le dichas, représentent le sixième, le tiers et les deux tiers de la spithame ; la pygme vaut une spithame et demie ; et le xylon, six spithames.

Néanmoins, pour compléter les mesures, il faut rétablir, dans chaque système, le doigt *décimal,* qu'on en a fait disparoître depuis que la division duodécimale a été généralement préférée. La proportion du doigt *décimal* au doigt *duodécimal* est de six à cinq ; et l'on verra que le premier a servi aussi à composer des mesures dont je parlerai dans la suite.

Je rétablis également une autre mesure nommée *Grand doigt* par les Grecs (2), *Once* et *Pouce* par les Romains (3). Elle devoit son origine au passage du doigt *décimal,* de la division du cercle en 400 parties, dans la division du cercle en 360 degrés ; de sorte que le *grand doigt* excédoit le doigt *décimal* d'un neuvième, et le doigt *duodécimal* d'un tiers.

---

(1) Cette mesure manque aujourd'hui dans la plupart des auteurs. C'est peut-être le dichas, quoiqu'on le trouve plus souvent évalué à 8 doigts. Mais Édouard Bernard *(De mensur. et ponderib., pag. 195)* cite des manuscrits où le dichas est fixé à 10 doigts.

(2) Dioscorid. *De historiâ plantar. lib. IV, cap. 89, pag. 279.*

(3) Plin. *lib. XV, cap. 26 ; lib. XXVII, cap. 49.*

La propriété du grand doigt, qui le faisoit admettre dans les systèmes métriques, étoit d'y offrir un point de comparaison, un élément commun, qui servoit à convertir réciproquement les mesures de l'un de ces systèmes en mesures des deux autres; parce que le *grand doigt* du stade de 400000, par exemple, se trouvoit être en même temps le doigt *décimal* du stade de 360000 et le doigt *duodécimal* du stade de 300000. Le grand doigt offroit un pareil avantage pour comparer entre eux les stades de 240000, de 216000 et de 180000.

D'ailleurs, les multiples duodécimaux du grand doigt produisirent deux mesures très-usuelles, dont l'origine ne s'expliqueroit pas, si on ne la puisoit dans ce module :

L'une est le pied, composé de douze grands doigts ou de douze pouces, qui répondent à seize doigts duodécimaux;

L'autre est la grande coudée, de vingt-quatre grands doigts, valant trente-deux doigts duodécimaux.

TOUTES les mesures précédentes, et celles que fourniront les trois stades dont je vais parler, se trouvent réunies dans le Tableau général, ainsi que leurs valeurs dans chacun des systèmes qu'il renferme.

DES STADES ET DES MILLES TERTIAIRES.

RECHERCHONS maintenant d'où provenoient les stades de 270000, de 225000, de 250000 ou 252000, à la circonférence de la terre, que je désignerai sous les noms de stade *italique,* de stade *du dolique syrien,* de stade *dit d'Ératosthène;* et voyons si les élémens dont ils se composent, permettent de rattacher leur origine à celle des stades primitifs.

STADE ITALIQUE.

PARMI les anciens dont nous possédons les ouvrages, Censorin est le seul qui ait nommé le stade italique, en disant que ce stade contenoit 625 pieds, et le stade olympique 600 pieds (1). Ce passage, rapproché de ceux de Pline (2), de Frontin (3), de Columelle (4), d'Isidore de Séville (5), qui tous donnent 625 pieds ou 125 pas au stade de huit au mille romain, a déjà fait remarquer à plusieurs critiques que Censorin ne s'est pas aperçu qu'il parloit d'un même stade dont la valeur lui étoit donnée sous deux aspects, en pieds romains par les auteurs romains, en pieds grecs par les écrivains grecs; et qu'il assignoit précisément la même longueur aux deux stades dont il fait mention. La différence du pied romain au pied grec étoit connue depuis long-temps pour être de 24 à 25 ; ainsi les 625 pieds romains valoient 600 pieds grecs ou un stade olympique.

LE MÊME PASSAGE renferme une autre erreur, qui n'a pas un rapport direct avec l'objet que je discute, mais qui sert encore à prouver que Censorin ne s'étoit pas fait une idée nette de la valeur des stades dont il vouloit parler : c'est lorsque, donnant mille pieds de longueur au stade pythique, il semble le présenter comme le plus grand de tous ceux que les Grecs ont connus; ce qui seroit notoirement faux.

(1) Censorin. *De die natali, cap. 13, pag. 60.*

(2) Plin. *lib. II, cap. 21.*

(3) Frontin. *Expositio formar., pag. 30.* — Anonym. *pag. 321,* Collect. Goesii.

(4) Columell. *De re rusticâ, lib. V, cap. 1, pag. 530.*

(5) Isidor. Hispalens. *Origin. lib. XV, cap. 15.*

Les méprises de Censorin me paroissent venir de ce qu'il a appliqué aux stades les différences qui appartenoient aux pieds dont il les compose. Ainsi, au lieu de donner

600 pieds au stade olympique,
625 pieds au stade italique,
1000 pieds au stade pythique,

il me semble qu'il auroit dû s'exprimer de la manière suivante : *Le stade.... employé par Pythagore, pour indiquer la distance de la terre à chacune des planètes... est celui qui contient*

600 pieds du stade olympique,
625 pieds du stade italique,
1000 pieds du stade pythique.

On voit en effet, d'après mon Tableau général, que

600 pieds du stade de 216000 donnent le stade olympique de.. 185^{m},185.
625 pieds du stade de 225000; mêmes pieds que ceux du
    mille romain (1), donnent également................. 185 ,185.
1000 pieds du stade de 360000 produisent aussi............ 185 ,185.

Et il en résulte, sans incertitude, que le stade employé par Pythagore étoit le stade olympique. Aussi trouve-t-on, dans Aulu-Gelle (2), que, selon Plutarque, le plus grand des stades connus dans la Grèce, au temps de Pythagore, étoit le stade olympique, et que ce philosophe s'étoit servi du pied de ce même stade pour évaluer la taille d'Hercule.

On reconnoîtra en même temps, que le stade pythique, loin d'avoir été l'un des plus grands stades, comme Censorin paroît

(1) *Infrà, pag.* 40.   (2) Auli Gell. *Noct. attic. lib. I, cap. I, pag. 30, 31.*

l'avoir

l'avoir cru, étoit au contraire l'un des plus petits, c'est-à-dire celui de 360000 à la circonférence de la terre ; et ce fait s'accorde avec le passage de Pausanias où il est dit que, d'après un décret des amphictyons, les enfans seuls pouvoient disputer à Delphes le prix de la course, soit du dolique, soit du diaule ou stade doublé (1).

Au reste, ces méprises n'empêchent pas que Censorin n'ait eu au moins une idée confuse de l'existence d'un stade appelé *italique ;* et comme on trouve dans Héron (2) un pied *italique,* il n'est guère possible de douter qu'il n'y ait eu, sous la dénomination de ce stade, un système métrique quelconque.

Mais la difficulté est de savoir quel pouvoit être ce stade. Il me semble que le surnom qu'on lui donnoit, indique clairement qu'il étoit employé en Italie ; et en effet, quoique les Romains eussent divisé leurs grands chemins en milles itinéraires, on trouve des exemples qui annoncent que l'usage du stade s'est conservé en Italie jusque sous le Bas-Empire.

Strabon, qui avoit séjourné à Rome, donne, pour la distance de cette ville à celle d'*Aricia,* 160 stades (3), tandis que les Itinéraires la fixent à 16 milles (4).

Et la traversée d'*Aulon* à *Hydruntum* est marquée, dans l'Itinéraire de Jérusalem, à *1000 stades, qui font,* dit l'auteur, *100 milles* (5).

Ainsi le stade dont parlent ces écrivains, étoit de dix au mille romain. J'ai évalué ce mille, dans mon premier Mémoire, à 760 toises 7 pouces 8, 160 lignes, qui représentent 1481^m, 481 : le stade italique étoit donc de 148^m, 148 , ou de 750 au degré, ou de 270000 à la circonférence de la terre ; et c'est sous

(1) Pausan. *Phocic. cap. 7, pag. 814.*
(2) *Infrà, pag. 54, 58.*
(3) Strab. *lib. V, pag. 239.*

(4) Antonini August. *Itinerar. pag. 107.*
— Itinerar. Hierosolymitan. *pag. 612.*
(5) Itinerar. Hierosolymitan. *pag. 609.*

cette dernière indication qu'on le trouvera dans le Tableau général.

Néanmoins, pour que l'exactitude de ce stade ne soit pas contestée, il faut qu'il puisse se rattacher par ses élémens à l'un des stades primitifs; et il s'y rattache en effet, puisque, d'après le Tableau général, on voit que c'est en prenant le grand doigt du stade de 360000, pour en former le doigt duodécimal du stade de 270000, ou, ce qui revient au même, en prenant la grande coudée de 32 doigts du premier, pour en faire la coudée commune de 24 doigts du second, que l'on a composé ce dernier système.

D'un autre côté, tous les anciens ayant comparé le mille romain à huit stades olympiques de 216000, il falloit que ces stades fussent plus longs d'un quart que le stade italique : or, si aux 148^{m}, 148 précédens on ajoute un quart, on aura juste 185^{m}, 185, qui, dans le Tableau général, représentent la valeur du stade olympique. Ainsi tout concourt à prouver que le stade italique et le mille romain avoient aussi pour base une partie aliquote de la circonférence de la terre.

STADE DU DOLIQUE SYRIEN.

Jusqu'à présent les modernes qui ont parlé des doliques, les ont considérés simplement comme désignant des carrières de différentes longueurs, qu'on avoit à parcourir dans les jeux publics de la Grèce; mais on verra dans la suite que les doliques étoient de véritables milles itinéraires.

Je ne parlerai ici que du dolique syrien donné par Saint Épiphane pour être de douze stades; et quand il sera question des systèmes métriques rapportés par cet auteur, je montrerai que le stade dont il compose le dolique, étoit le stade italique.

Or je viens de dire que ce stade étoit de 148^m,₁₄₈ : si on le multiplie par douze, on a 1777^m,₇₇₈ pour le dolique syrien; et si on le divise par dix, comme tous les autres milles, pour en extraire la valeur du stade qui lui est propre, on aura 177^m,₇₇₈ : ce stade sera contenu 625 fois dans le degré, ou 225000 fois dans la circonférence du globe.

De plus, le doigt duodécimal, ou, si l'on veut, la petite coudée de ce stade, ayant respectivement la même valeur que le grand doigt ou la grande coudée de celui de 300000 (1), on voit que le stade du dolique syrien étoit une simple modification de cet ancien système, et que tous ses élémens offroient des parties aliquotes du degré terrestre.

Mais on demandera des preuves de l'existence de ce stade, qu'aucun auteur moderne ne paroît avoir aperçu; elles se présenteront dans la suite : je me borne ici à un seul exemple tiré d'un passage de Strabon, qui n'a pas encore été bien expliqué.

Ce géographe, en parlant de la voie *Egnatia*, qui se prolongeoit dans la Macédoine et dans la Thrace, dit : « Cette » route est mesurée par des pierres milliaires, et comprend un » espace de 535 milles. Si, comme on le fait ordinairement, » on évalue le mille à huit stades, on aura 4280 stades; mais, » si l'on suit le calcul de Polybe, qui ajoute deux plèthres ou » un tiers de stade pour chaque mille, il faudra compter 178 » stades de plus (2). »

Le stade de huit au mille, dont parle Strabon, est le stade olympique; et l'évaluation du mille à huit stades et un tiers, donnée par Polybe, est d'autant plus remarquable, qu'en décrivant la route suivie par Annibal, depuis la Nouvelle-Car-

---

(1) *Voyez* le Tableau général, colonnes II et VIII.

(2) Strab. *lib. VII, pag. 322.*

thage jusqu'au Rhône , l'historien grec observe que cette route est bordée de pierres milliaires *placées de huit stades en huit stades* (1). Ainsi Polybe connoissoit la proportion du mille romain au stade olympique ; il n'est donc pas possible de prendre son autre évaluation pour une méprise, et il faut reconnoître que le stade de huit au mille romain et celui de huit et un tiers étoient des stades différens (2).

En effet, le mille romain étant de 1481^{m}, 481 (3), si on le divise par huit et un tiers, on aura, pour le stade indiqué par Polybe, 177^{m}, 778 , et c'est précisément celui du dolique syrien.

Je reviendrai d'ailleurs sur cet objet ; et je montrerai des traces multipliées de l'emploi de ce stade à des époques très-différentes, avant et après le siècle de cet historien.

STADE DIT D'ÉRATOSTHÈNE.

IL ME RESTE à parler du stade qu'on attribue ordinairement à Ératosthène ; et, sans m'arrêter à faire voir que l'opération décrite par Cléomède (4), et qu'il semble prêter à cet ancien, pour obtenir une mesure de la terre, n'offriroit, dans ses bases, que des suppositions fausses, je me borne à chercher si ce stade de 250000 ou de 252000 à la circonférence du globe peut se rattacher par quelqu'une de ses parties à l'un des stades primitifs.

Le stade de 252000 ne présente rien dans ses subdivisions dont on puisse se servir pour le comparer à ces anciens stades. Mais, d'après le Tableau général, le doigt duodécimal de celui de

---

(1) Polyb. *Historiar. lib. III , §. 39.*
(2) Voyez , *pag. 40 ,* le système métrique des Romains.

(3) *Suprà, pag. 17 , et infrà , pag. 40.*
(4) Cleomed. *Meteor. lib. I , cap. 10 , pag. 52-55.*

250000 se trouvant égal au doigt décimal du stade de 300000, on voit que c'est avec les multiples de ce dernier élément qu'on a formé le nouveau stade de 160 mètres, ou de 694 $\frac{4}{9}$ au degré. Il est probable, d'ailleurs, que c'est pour éviter ce nombre fractionnaire qu'on a ensuite supposé ce stade de 700 au degré, ou de 252000 à la circonférence de l'équateur.

En prenant le doigt décimal du stade de 300000 pour en faire un doigt duodécimal, et en le multipliant 9600 fois au lieu de 8000 fois (1), il en est résulté un stade plus grand d'un cinquième que celui de 300000, et qui ne se trouvoit plus compris que 250000 fois dans le périmètre de la terre. Ce nouveau stade, employé isolément, pouvoit offrir des résultats exacts dans la réduction des mesures en degrés, ou des mesures prises avec d'autres stades, pourvu que l'on tînt compte de la différence des modules. Mais Ératosthène ne s'est point douté de l'inégalité de ces stades ; il les a confondus, et cette méprise est la cause des erreurs qu'il a commises dans la détermination de ses longitudes, en publiant son système géographique. Il est facile de s'en assurer.

Lorsque j'ai réuni les mesures employées par cet ancien, sous le trente-sixième parallèle (2), pour établir la longueur du continent, depuis le cap *Sacré* de l'Ibérie jusqu'à *Thinæ,* j'ai fait voir qu'il évaluoit cet intervalle à 71600 stades de 700 au degré d'un grand cercle de la terre ; qu'il en concluoit 126° 25′ 57″ de différence en longitude, et qu'il se trompoit *en plus* d'environ vingt degrés.

J'ai montré aussi que ces 71600 stades étoient de 300000 à la circonférence du globe, ou de 833 $\frac{1}{3}$ au degré, et que, réduits au parallèle précédent, ils bornoient la distance de ces lieux, comme

---

(1) *Suprà,* pag. *12.*
(2) Observations préliminaires, *pag. xlvij*

du premier volume de Strabon ; ou dans mes Recherches, *tom. IV, pag. 330.*

le font nos observations modernes, à............ $106°$ $12'$ $6''$

En substituant au stade de $833\frac{1}{3}$ celui de $694\frac{4}{9}$, Ératosthène auroit augmenté cet intervalle d'un cinquième ou de........................... 21. 14. 32.

et il auroit fixé *Thinæ* à..................... 127. 26. 38.
Mais, pour éviter la fraction et pour arrondir le nombre de ce dernier stade, il l'a porté à 700, en l'accourcissant de $\frac{1}{126}$: il faut donc soustraire de cette graduation............................. 1. 0. 41.

Il restera........................... 126. 25. 57.

Et c'est, comme je viens de le dire, la distance que cet ancien supposoit entre le méridien du cap *Sacré* et celui de *Thinæ*. D'où il suit que le stade employé par Ératosthène n'étoit pas le résultat d'une nouvelle mesure de la terre, mais seulement une combinaison particulière aux Égyptiens, d'une portion du stade de 300000, dont il n'a pas su distinguer la valeur ; ce qui montre encore que, chez ces peuples, l'usage du stade de 252000 avoit précédé l'époque de la conquête des Macédoniens.

Je place néanmoins le stade de 252000 avec celui de 250000 dans le Tableau général, parce qu'il est quelquefois utile de les consulter l'un et l'autre, pour se rendre compte des mesures employées par les géographes de l'École d'Alexandrie.

PREUVES DES ÉVALUATIONS PRÉCÉDENTES.

VOILÀ donc neuf stades et neuf milles itinéraires qui ont incontestablement pour base un seul et même type primitif, combiné, modifié de différentes manières. Dès-lors on conçoit que, si l'on parvient à connoître exactement la valeur de l'un de ces stades ou de l'un de ces milles, ou seulement de l'une des portions dans lesquelles ils se subdivisoient, on aura la valeur de tous les autres avec une égale précision ; et la recherche des mesures de longueur employées par les anciens se trouvera considérablement simplifiée.

Pour justifier les évaluations que j'ai données jusqu'à présent, et pour montrer que les mesures contenues dans mon Tableau sont conformes à celles que les anciens ont employées, je crois pouvoir rappeler avec confiance les résultats des travaux qu'ils ont exécutés bien avant l'époque de la fondation de l'École d'Alexandrie, pour fixer, dans le sens des longitudes, la distance des principaux lieux de la terre : opération si difficile, que c'est depuis un siècle seulement que les nations les plus instruites de l'Europe ont pu commencer à s'en assurer; encore est-il douteux que, pour certaines positions, elles aient mieux réussi que les anciens. Quoi qu'il en soit, pour épargner au lecteur la peine de recourir à mon premier Mémoire, je répéterai ici le tableau de ces distances.

PRINCIPAUX POINTS dont les distances en Longitude ont été observées par les Anciens.

DÉNOMINATION des LIEUX.	DISTANCES			DIFFÉRENCES ou ERREURS.
	EN STADES de 833 ⅓ au Degré.	EN DEGRÉS sous le 36.ᵉ parallèle.	EN DEGRÉS selon les Modernes.	
		d. m. s.	d. m. s.	d. m. s.
Du cap *Sacré* au détroit des Colonnes d'Hercule..	2000	2. 57. 59	3. 10. 0	— 0. 12. 1
Du cap *Sacré* au détroit de Sicile...............	16300	24. 10. 37	24. 37. 0	— 0. 26. 23
Du détroit des *Colonnes* à Rhodes.............	22300	33. 4. 35	33. 15. 45	— 0. 11. 10
Du cap *Sacré* à *Issus*......................	30300	44. 56. 35	44. 40. 0	+ 0. 16. 35
Du cap *Sacré* aux Portes Caspiennes..........	41600	61. 42. 13	61. 5. 0	+ 0. 37. 13
Du détroit des *Colonnes* aux sources de l'*Indus*...	52600	78. 1. 10	77. 42. 0	+ 0. 19. 10
Du cap *Sacré* à *Thinæ*..............	71600	106. 12. 6	106. 27. 0	— 0. 14. 54

Et l'on voit à quelle précision les anciens étoient parvenus, puisque la distance qu'ils avoient fixée entre le méridien du cap *Sacré* ou de Saint-Vincent du Portugal, et le méridien de *Thinæ* ou Tana-sérim, dans le royaume de Sian, diffère seulement de 14 minutes 54 secondes de nos observations modernes, c'est-à-dire de quatre lieues sur 1722 lieues marines prises en ligne droite; tandis qu'à des époques très-postérieures Ératosthène s'est trompé *en plus* de 327 lieues; Ptolémée, de 1190 lieues; et que toute l'Europe se trompoit encore, au commencement du siècle dernier, de plus de 400 lieues sur le même intervalle.

Il me paroît donc impossible de nier l'exactitude du stade de $833\frac{1}{3}$ au degré, ou de 300000 à la circonférence du globe; et, par une conséquence nécessaire, l'exactitude des autres stades ne peut être contestée, puisqu'ils reposent tous, comme celui-ci, sur une même base astronomique.

MAINTENANT je dois montrer que les mesures usuelles des anciens dérivoient de la longueur des stades, et qu'elles en offroient des subdivisions plus ou moins grandes. Pour s'en assurer, il suffira d'examiner le petit nombre de monumens authentiques qui présentent immédiatement le module d'une mesure ancienne.

J'ai dit (1) que le milieu entre dix mesures du pied romain donnoit 131 lignes $\frac{17}{50}$ de notre pied de roi, ou $0^{m}{,_{29628\,150}}$.

Si l'on multiplie ce nombre par 5000, on aura, pour le mille romain composé de 5000 pieds, $1481^{m}{,_{405750}}$, et pour sa dixième partie ou le stade italique $148^{m}{,_{140575}}$; ce qui ne diffère de l'évaluation présentée dans mon Tableau général,

(1) Obser̃at. prélim. et génér. *pag. lxj;* ou dans mes Recherches, *tom. IV, pag. 357.*

pour

pour le stade de 270000, que de 0^m, 007573, ou 3 lignes $\frac{1}{3}$, sur une longueur d'environ 76 toises.

J'ai dit aussi que le frontispice du Parthénon d'Athènes, surnommé *Hecatompedon*, parce que sa longueur étoit de cent pieds grecs, avoit été mesuré, et trouvé de 95 pieds de roi juste, ou de 30^m, 859743.

Ce nombre multiplié par six pour compléter la valeur du stade, toujours composé de 600 pieds (1), donne 185^m, 158458 pour le stade olympique, ou de 216000, et diffère d'avec mon Tableau, seulement de 0^m, 026727, ou de moins d'un pouce sur 95 toises de longueur.

Dans le même Tableau, le pied de ce stade est de 0^m, 308642 : selon la mesure prise sur les lieux, il seroit de 0^m, 308597, c'est-à-dire, plus court de 0^m, 000045 ou d'un cinquantième de ligne.

Ces différences sont trop légères pour qu'elles puissent faire naître des difficultés, sur-tout si l'on se rappelle ce que j'ai dit (2) sur les incertitudes que laissera toujours la méthode de conclure de grandes mesures d'après l'agrégation d'une multitude de petits élémens problématiques.

Mais une découverte qu'on doit à M. Girard, celle de la coudée du nilomètre d'Éléphantine, dont il se sert pour composer des mesures qui ne s'accordent pas avec les miennes, demande que je m'y arrête un instant.

. Cet habile ingénieur a vu, sur les murs de ce monument, les traces de plusieurs coudées anciennes, dont il a déduit une coudée *moyenne* de 527 millimètres; il la multiplie 400 fois pour en former un stade de 210^m, 798, et il évalue d'après cette

(1) Auli-Gell. *Noct. attic. lib. I, cap. 1,* pag. 31. ou dans mes Recherches, *tom. IV, pag.* 290, 291.

(2) Observat. prélim. et génér. *pag. iij;*

D

base toutes les mesures indiquées par Héron (1). Ce stade auroit été contenu environ 527 fois dans le degré, et 189755 fois dans la circonférence de la terre.

Je ne trouve dans l'antiquité rien qui rappelle un stade semblable; et comme ses élémens ne le rattachent à aucun des stades dont j'ai parlé, je soupçonne quelque méprise dans l'emploi qu'a fait M. Girard de la coudée d'Éléphantine.

L'erreur consisteroit à avoir pris cette mesure pour la coudée de vingt-quatre doigts d'un stade inconnu, tandis que la coudée d'Éléphantine offroit celle de trente-deux doigts du stade égyptien de 700 au degré ou de 252000 au périmètre du globe; et dès-lors les 527 millimètres devoient être multipliés par 300, et non par 400, pour produire la valeur du stade.

Dans mon Tableau (2), la coudée de 32 doigts, ou de 300 au stade dont je parle, est de $0^m,{529101}$: elle diffère seulement de deux millimètres de celle de M. Girard; et cette différence, en la supposant réelle, ne produiroit que $0^m,{630}$, ou un pied onze pouces trois lignes, de plus ou de moins, sur la longueur du stade.

UNE AUTRE MESURE fort importante confirme mon opinion sur la coudée d'Éléphantine.

Pline, d'après les renseignemens qu'il avoit recueillis, donne à la base de la grande pyramide 883 pieds (3).

MM. Le Père et Coutelle (4) ont retrouvé les mortaises creusées dans le rocher pour retenir les pierres angulaires du revêtement de cette pyramide : ils ont mesuré l'intervalle des angles, et l'ont reconnu de $232^m,{6678}$.

(1) Girard, *Mémoire sur le nilomètre de l'île d'Éléphantine*, dans la *Description de l'Égypte*, tom. *I*, *pag. 5 - 48*, Antiquités.

(2) *Voyez*, dans le Tableau général, colonne IX, 2, la grande coudée de 300 au stade de 252000.

(3) Plin. *lib. XXXVI, cap. 17.*

(4) Mémoire de M. Girard, *pag. 29.*

Dans mon Tableau général, le pied du stade de 252000 est de 0^m,264550 ; si on le multiplie par 883, on a 233^m,597650, et c'est, à moins d'un mètre près, la mesure précédente. Ainsi le pied indiqué par Pline est bien le pied de seize doigts ou la six-centième partie du stade de 252000, et non une spithame de douze doigts, comme le veut M. Girard ; et ce pied se trouvant être en même temps la demi-coudée d'Éléphantine, il s'ensuit que cette coudée est celle de 32 doigts.

LA MESURE de Pline et l'évaluation que j'en déduis se trouvent encore fortifiées par le témoignage de Philon de Byzance, qui donne six stades de circonférence à cette pyramide (1).

Sa base, comme on vient de le voir, étant de 232^m,6678, si on la quadruple, on a 930^m,6712 pour la circonférence ; et cette somme, divisée par six, porte le stade indiqué par Philon à 155^m,1119 : c'est, à trois mètres et demi près, le stade égyptien de 252000, tel qu'on le trouve dans le Tableau général.

JE METS donc au nombre des preuves qui justifient mes évaluations la mesure prise par M. Girard, quoique nous en tirions chacun des résultats fort différens. Je dirai dans la suite pourquoi la coudée de 32 doigts a été employée dans le nilomètre d'Éléphantine ; j'expliquerai l'usage des divisions que M. Girard y a trouvées, et qui lui ont fait croire que les anciens avoient eu des coudées de sept palmes.

JE NE CONNOIS PAS d'autres mesures positives dont la comparaison puisse servir dans cet examen. Mais, comme on a vu

____

(1) Philo Byzant. *De septem orbis miraculis,* apud Jacob. Gronov. *in Thesaur. Græcar. antiquitat. tom. VIII, pag.* 2660.

tous les stades dont j'ai parlé sortir d'un module commun, il suffisoit d'un seul exemple pour constater,

1.° Qu'il y eut une époque dans l'antiquité où l'étendue de la circonférence de la terre et la valeur de ses degrés ont été connues avec une très-grande précision ;

2.° Que les différens systèmes métriques que les anciens nous ont transmis, ont eu pour base une des parties aliquotes de cette circonférence ;

3.° Que le système de division du cercle en 400 degrés, renouvelé par nos astronomes, et les opérations qu'ils ont faites pour déterminer la valeur du degré moyen de la terre, confirment l'exactitude des mesures anciennes, et achèvent de prouver qu'il est possible de les ramener à un type primitif.

SECONDE PARTIE.

SYSTÈMES MÉTRIQUES IRRÉGULIERS.

Je viens de considérer les principaux systèmes métriques anciens dans leur ensemble et dans leur première régularité; je parlerai maintenant de ceux qui, d'après le mélange des mesures dont ils sont composés, annoncent une origine postérieure. C'est dans la comparaison des milles itinéraires, des parasanges ou des schœnes, avec les stades, que l'irrégularité de ces nouveaux systèmes se fait sur-tout remarquer ; mais on reconnoît bientôt que ces mesures hétérogènes se rattachent toutes aux bases que j'ai indiquées.

On a vu les milles avoir une origine commune avec celle des stades, et dériver comme eux des différentes modifications d'une seule mesure de la terre (1). Les milles contenoient toujours dix stades des systèmes auxquels ils appartenoient; chaque stade étoit composé de cent orgyies : ainsi mille orgyies formoient le mille itinéraire, et lui ont fait donner le nom qu'il a porté dans la suite. L'usage de cette mesure paroît aussi ancien que celui du stade : on la trouve employée chez les Hébreux dès le temps de Moyse (2); on l'aperçoit chez les Grecs dès le temps d'Hérodote, quand il évalue les distances en milliers d'orgyies, et principalement lorsqu'il compare

      100000 orgyies à...... 1000 stades (3),
      1110000 orgyies à...... 11100 stades ,
      330000 orgyies à...... 3300 stades (4);

car il est facile de reconnoître que le mille itinéraire de dix

(1) Suprà, pag. 8, 9, 10.

(2) Numer. cap. 35, vers. 4, 5.

(3) Herodot. lib. IV, §. 41, pag. 298.

(4) Herodot. lib. IV, §. 85, 86, p. 300, 301.

stades, ou de mille orgyies, se trouve implicitement énoncé dans ces mesures, puisque c'est comme si l'auteur avoit dit que

La première étoit de............... 100 milles ;
La seconde, de................... 1110 milles ;
La troisième, de................ 330 milles.

Il a donc pu exister autant d'espèces de milles que de stades différens ; et si les Grecs nous ont transmis moins de distances dans l'une de ces mesures que dans l'autre, c'est sans doute parce que le peu d'étendue de leur territoire leur avoit fait préférer, dès les premiers temps, l'usage des petites mesures à celui des plus grandes.

LE BESOIN d'exprimer les distances par le temps qu'on employoit à les parcourir, paroît avoir fait imaginer le schœne ou la parasange, qui me semblent être la même mesure énoncée quelquefois en stades ou en milles de modules différens (1), comme on le verra bientôt. Cette mesure, selon toute apparence, indiquoit l'espace qu'un homme, dans une marche ordinaire, pouvoit franchir pendant la durée d'une heure. La parasange fut composée originairement de 30 stades ou de trois milles itinéraires ; et il est possible qu'il y ait eu autant de parasanges diverses que d'espèces de stades et de milles.

---

(1) On trouve le schœne évalué

à 30 stades par Artémidore, Pline, Ptolémée et Héron ;
à 40 stades par Ératosthène, Théophane et Strabon ;
à 60 stades par Hérodote, Artémidore et Strabon.

La parasange est également évaluée

à 30 stades par Hérodote, Artémidore, Strabon et Héron ;
à 40 stades par Strabon ;
à 60 stades par Strabon.

Voyez Herodot. *lib. II*, ſ. 6. — Strab. *lib. XI, pag.* 518, 530 ; *lib. XVII, pag.* 804, 813. — Plin. *lib. V, cap.* 11 ; *lib. XII, cap.* 30. — Ptolem. *Geograph. lib. I, cap.* 11.

Tant que les systèmes métriques ne furent pas mélangés, la réduction des stades en milles et des milles en stades, ou de ces mesures en parasanges, n'offrit aucune difficulté. Mais lorsque, par des émigrations successives, par des conquêtes, ou par d'autres événemens, les mesures d'une contrée furent transportées dans une autre ; quand un peuple qui se servoit d'un stade quelconque, vint habiter un pays où les distances étoient comptées en milles composés d'un autre stade, l'emploi simultané de ces mesures hétérogènes obligea d'en déterminer les rapports, et de là sont venues les distinctions, si embarrassantes aujourd'hui, de ces milles comparés, tantôt à sept stades, tantôt à sept stades et demi, à huit stades, à huit stades et un tiers, à dix stades, à douze stades, &c. (1)

Pour reconnoître ces mesures et apprécier leurs valeurs, il faut observer que les différens milles dont il est question étoient composés de dix stades, comme tous les autres, et que, s'ils paroissent en contenir plus ou moins, c'est qu'ils se trouvent comparés à des stades ou plus petits ou plus grands que ceux des systèmes auxquels ils appartenoient.

Ainsi, par exemple, dans le mille de sept stades, la différence numérique des stades du mille aux stades indiqués étant de

(1) On trouve le mille évalué

à 7 stades dans Procope, Saint Épiphane, Moyse de Chorène, Hésychius, Suidas, &c. Le Scholiaste de Lucien *(ad Icaromen. §. 1, tom. II, pag. 751)*, après avoir dit que *le mille est de 7 stades*, ajoute : *quelques auteurs plus anciens veulent qu'il soit de dix stades ;*

à 7 stades ½ dans Plutarque, Dion-Cassius, Saint Épiphane, Julien d'Ascalon, Héron d'Alexandrie, Photius, Suidas, le Périple du Pont - Euxin, le Scholiaste de Lucien *(l. l.)*, &c. ;

à 8 stades dans Polybe, Strabon, Vitruve, Columelle, Frontin, Pline, Suidas, &c. ;

à 8 stades ⅓ dans Polybe et Julien d'Ascalon ;

à 10 stades dans Strabon, l'Itinéraire de Jérusalem, le Scholiaste de Lucien *(l. l.)* ;

à 12 stades dans Saint Épiphane.

10 à 7, la différence des longueurs devient comme 7 à 10 ; et cette proportion étant celle du stade de 360000 au stade de 252000, il s'ensuit, d'après le Tableau général, que le mille composé de sept stades du second système doit être de $1111^m,{}_{111}$, qui présentent exclusivement la valeur de dix stades du premier.

Les dix stades contenus dans ce Tableau pourroient fournir quarante combinaisons de ce genre, sans les additionner autrement que de demi-stade en demi-stade, et sans augmenter le nombre des milles que présente le même Tableau. Mais, comme il est très-vraisemblable qu'on n'a pas fait usage de toutes ces variétés, je me bornerai à offrir celles qui se rapportent aux passages des auteurs que nous possédons. Ainsi,

7 stades de .... 252000 valent un mille ou 10 stades de... 360000.

7 stades $\frac{1}{2}$ de...
{
300000 .... 400000.
270000 .... 360000.
225000 .... 300000.
180000 .... 240000.
}

8 stades de ....
{
240000 .... 300000.
216000 .... 270000.
180000 .... 225000.
}

8 stades $\frac{1}{4}$ de...
{
300000 .... 360000.
250000 .... 300000.
225000 .... 270000.
180000 .... 216000.
}

12 stades de.....
{
360000 .... 300000.
300000 .... 250000.
270000 .... 225000.
216000 .... 180000.
}

Ou,

Ou , si l'on veut ,

Un mille du stade de..... 360000 vaut 7 stades de....., 252000.

Un mille des stades de...
$\left\{\begin{array}{l} \text{400000 vaut 7 stades } \frac{1}{2} \text{ de ... 300000.} \\ \text{360000 .... 270000.} \\ \text{300000 .... 225000.} \\ \text{240000 .... 180000.} \end{array}\right.$

Un mille des stades de...
$\left\{\begin{array}{l} \text{300000 vaut 8 stades de...... 240000.} \\ \text{270000 .... 216000.} \\ \text{225000 .... 180000.} \end{array}\right.$

Un mille des stades de...
$\left\{\begin{array}{l} \text{360000 vaut 8 stades } \frac{1}{3} \text{ de.... 300000.} \\ \text{300000 .... 250000.} \\ \text{270000 .... 225000.} \\ \text{216000 .... 180000.} \end{array}\right.$

Un mille des stades de...
$\left\{\begin{array}{l} \text{300000 vaut 12 stades de..... 360000.} \\ \text{250000 .... 300000.} \\ \text{225000 .... 270000.} \\ \text{180000 .... 216000.} \end{array}\right.$

D'après ces rapprochemens , les milles composés de 7 stades $\frac{1}{2}$, de 8 stades, de 8 stades $\frac{1}{3}$ et de 12 stades, pouvant appartenir à différens systèmes, laissent de l'incertitude dans le choix de celui où l'on devra les placer ; mais des circonstances accessoires, dont je produirai des exemples, aideront à lever ces incertitudes.

J'AI ANNONCÉ (1) que les doliques étoient aussi des milles itinéraires. Pour s'en convaincre, il suffit de considérer que les différens doliques dont la longueur nous est donnée par les

(1) *Suprà , pag. 18.*

E

anciens, sont tous composés d'un nombre fixe de stades, et que ce nombre est quelquefois pareil à celui des stades qui forment les milles du tableau précédent ; de sorte que le nom de dolique et celui de mille semblent avoir une signification identique. On trouve en effet le dolique évalué, par quelques auteurs, à 7 stades ; par d'autres, à 12 stades, à 20 stades et même à 24 stades (1). Les deux premiers doliques offrent visiblement les mêmes valeurs que les milles de 7 et de 12 stades dont il vient d'être question ; et, en suivant la même méthode d'évaluation, je trouve que le dolique de 20 stades devoit être composé de 20 stades de 360000, qu'il valoit 2222^{m},$_{222}$, et qu'il représentoit le mille de dix stades de 180000 (2). Quant au dolique de 24 stades, comme il surpasseroit en longueur tous les milles connus, il est vraisemblable qu'il contenoit 24 stades olympiques de 216000 ou 4444^{m},$_{444}$, et qu'il désignoit la parasange de 30 stades de 270000 ou trois milles romains (3).

IL FAUT attribuer encore au mélange des mesures, causé par celui des peuples, l'évaluation de la parasange à quarante stades ou quatre milles, celle qui la porte à soixante stades ou six milles, et celle qui la compose de stades et de milles étrangers les uns aux autres. Chaque système métrique n'ayant eu d'abord qu'une seule parasange de 30 stades, la plupart des autres combinaisons ont eu pour objet d'indiquer une mesure au moyen de laquelle des systèmes différens pouvoient se

(1) Le dolique est évalué
à 7 stades dans le Scholiaste d'Aristophane, dans un Scholiaste de Xénophon et dans Suidas ;
à 12 stades dans Saint Épiphane ;
à 20 stades dans le Scholiaste d'Euripide, dans celui de Lucien et dans le Lexique de Zonaras ;
à 24 stades dans Suidas.

(2) *Voyez* le Tableau général.

(3) *Voyez* le Tableau général, colonnes VI et VII.

comparer et s'assimiler, en permettant d'introduire dans l'un la parasange de l'autre. Ces intercalations n'offrent souvent que la répétition d'une même mesure qui passe dans deux ou dans trois systèmes, sans changer de valeur, quoiqu'elle y paroisse composée d'un nombre de stades ou de milles plus considérable qu'auparavant. C'est ainsi

Que les parasanges de 30 stades ou de 3 milles des systèmes de 300000, de 270000 et de 225000, furent également celles de 40 stades ou de 4 milles des systèmes de 400000, de 360000 et de 300000;

Que la parasange de 40 stades de 180000 devint celle de 60 stades de 270000;

Et que la parasange de 30 stades de 180000 fut à-la-fois celle de 40 stades de 240000 et celle de 60 stades de 360000 (1).

En multipliant ainsi les parasanges ou les schœnes dans plusieurs systèmes, on paroît avoir été conduit à les multiplier dans les autres, et à donner à chacun trois parasanges régulièrement composées de 30, de 40 et de 60 stades, ou de 3, de 4 et de 6 milles itinéraires.

Enfin c'est en voulant amalgamer ensemble des stades et des milles pris dans des systèmes différens, que la parasange s'est trouvée répondre quelquefois à 30 stades d'un système et à 4 milles d'un autre; et aussi à 45 stades et à 6 milles, comme on en verra des exemples dans la suite.

On trouve dans Pline une combinaison du même genre, qu'il importe d'éclaircir; c'est lorsqu'il dit : « Le schœne, selon » Ératosthène, est de quarante stades, c'est-à-dire de cinq » milles : quelques-uns donnent à chaque schœne trente-deux » stades (2). »

____

(1) *Voyez* le Tableau général.   (2) Plin. *lib. XII*, *cap. 30.*

J'observerai d'abord que l'évaluation du schœne à cinq milles itinéraires ne se rencontre nulle part ailleurs que dans ce passage de Pline, et que l'habitude où étoit cet historien de prendre indistinctement tous les stades pour la huitième partie du mille romain, est la cause qui lui a fait croire que les quarante stades dont il est question devoient représenter cinq milles. Aussi paroît-il penser que les deux évaluations de 40 et de 32 stades se contrarioient, ou qu'elles se rapportoient à deux schœnes différens.

Mais il s'agit d'un même schœne, et il n'y a point de contradiction dans la valeur qui lui est donnée. Seulement Pline ne s'est pas aperçu que cette valeur se trouvoit exprimée en deux modules différens : d'abord en stades de 270000, qui, dès le temps d'Ératosthène, paroissent avoir été en usage dans quelques cantons de la Basse-Égypte, et ensuite en stades olympiques de 216000, que les Grecs y avoient récemment apportés. Quarante de ces premiers stades et trente-deux des seconds représentoient également 5925^{m},₉₁₆, et répondoient juste à quatre milles romains. Or on trouve, dans l'Itinéraire d'Antonin (1), que quatre milles romains égaloient le schœne employé dans la Basse-Égypte. Ce schœne reparoîtra par la suite sous le nom de parasange (2).

Je dois encore ajouter que, selon Artémidore (3), le schœne, entre *Memphis* et la Thébaïde, étoit de 120 stades. Mais cette

---

(1) Antonini Aug. *Itinerarium, pag. 152.* — La distance de dix schœnes entre le mont *Casius* et Péluse, indiquée, dans ce passage, par la position intermédiaire de *Pentaschœnon*, y est évaluée à 40 milles romains. Sur la grande carte d'Égypte, levée par les Français, la distance des ruines de Péluse au Ras el-Kasaroun, l'ancien *Casius*, en suivant le tracé de la route, est d'un peu plus de 59000 mètres, qui représentent 40 milles romains, ou 10 schœnes de 40 stades de 270000, ou 10 schœnes de 32 stades de 216000.

(2) *Infrà, pag. 83.*

(3) Artemidor. *apud* Strab. *lib. XVII, pag. 804.*

évaluation, qui sembleroit porter le schœne au double de sa plus grande longueur, s'éloigne trop de l'opinion et de l'usage des anciens, pour ne pas autoriser à croire qu'il est ici question d'un stade de moitié moins long qu'Artémidore ne le pensoit. Il me paroît très-vraisemblable que les 120 stades dont on lui a parlé étoient de 360000 à la circonférence de la terre, et qu'ils représentoient 60 stades de 180000. Sous cet aspect, le grand schœne égyptien rentroit dans la série de tous les autres schœnes, et n'excédoit pas les proportions dont on étoit convenu.

On voit donc que toutes ces mesures, si dissemblables en apparence, se rattachent les unes aux autres, et qu'elles n'ont point d'autres élémens que ceux que j'ai indiqués. C'est ce que va confirmer l'examen de quelques systèmes métriques anciens qui diffèrent de ceux du Tableau général par le mélange des stades, des milles et des parasanges de diverses espèces, que l'on y a intercalés.

SYSTÈME MÉTRIQUE DES ROMAINS.

Je commence par le plus connu des systèmes anciens, celui des Romains; et je le mets au nombre des systèmes mixtes ou mélangés, parce que le mille s'y trouve comparé à huit stades, au lieu de dix qu'il devroit avoir (1). J'ai rapporté des témoignages qui prouvent que l'usage d'un stade de dix au mille romain étoit connu en Italie (2); et ces autorités suffisent pour faire voir que le stade olympique, ou de 216000, contenu

(1) *Suprà*, pag. *8*, *9*, *10*, *12*, *29*, *30*.   (2) *Suprà*, pag. *17*.

huit fois dans le mille dont je parle, étoit un stade d'emprunt, étranger au système auquel les Romains l'associèrent.

Mais ce système présente une autre irrégularité. Le mille romain, reconnu aujourd'hui pour être de 75 au degré, est visiblement le mille du stade de 270000 ou de 750 au degré : ses subdivisions devroient donc avoir les mêmes valeurs que celles de ce stade. Cependant, d'après le tableau joint à cet article (1), les valeurs de toutes les subdivisions du mille romain se trouvent être les mêmes que celles du stade de 225000 (2).

Cette singularité annonce que les premières mesures employées par les Romains dérivoient de ce dernier stade, et que le mille de 1481^m,481 , qui nous est connu, étoit encore une mesure d'emprunt qu'ils ont substituée au mille ou dolique syrien de 1777^m,778, dont ils s'étoient servis jusqu'alors.

Ce changement étoit d'autant plus facile à introduire, qu'il ne dérangeoit rien aux mesures établies, ni par conséquent aux habitudes du peuple; parce que, le pas double du stade de 225000 se trouvant égal à l'orgyie du stade de 270000, il suffisoit de convenir que dorénavant le mille seroit censé composé de *1000 pas doubles* du premier de ces systèmes, au lieu de *1000 orgyies* du second; et c'est pourquoi l'orgyie, si essentielle dans tous les systèmes, ne paroît point parmi les mesures romaines. De plus, comme le pas double étoit de cinq pieds, tandis que l'orgyie en avoit six, la permutation de ces mesures fit qu'on ne compta plus, dans le nouveau mille, que 5000 pieds au lieu de 6000, et 80000 doigts au lieu de 96000 que contenoient tous les milles réguliers (3).

Les raisons qui peuvent avoir engagé les Romains à changer

(1) Voyez *pag. 40.*

(2) Comparez le tableau suivant avec la VIII.ᶜ colonne du Tableau général.

(3) *Suprà, pag. 12. Infrà, pag. 88.* — *Voyez* aussi le Tableau général.

leur premier mille, paroissent tenir à leurs relations avec les
Grecs. On sait que les Romains empruntèrent de ces peuples
presque toutes leurs connoissances géographiques, et qu'ils se
persuadèrent que toutes les distances indiquées par les écrivains
grecs se trouvoient exprimées en stades olympiques ou de
216000. Il importoit donc de chercher un moyen simple
pour convertir ces distances en mesures romaines : l'ancien
mille de 1777^m, $_{778}$ contenoit 9 stades $\frac{1}{5}$ olympiques; et c'est
probablement pour éviter les embarras qu'entraînoit cette fraction, que les Romains ont remplacé ce mille par celui du stade
italique de 270000; c'est-à-dire, par le mille de 1481^m, $_{481}$,
qui se divisoit juste en huit stades olympiques et en 1000 pas
doubles du stade de 225000.

Mais le stade italique, n'offrant que les quatre cinquièmes
du stade olympique, présentoit d'autres difficultés dans la réduction des distances; c'est ce qui paroît avoir décidé les Romains
à rejeter aussi le stade de 270000, et à introduire le stade
olympique dans la série de leurs mesures, quoiqu'il n'eût aucun
rapport avec le reste de leur système métrique.

L'époque de ces changemens me paroît répondre à-peu-près
à la seconde guerre de Macédoine, puisqu'au temps de Polybe,
qui écrivoit quelques années après, on comparoit encore le
nouveau mille romain, comme il le fait, tantôt à 8 stades $\frac{1}{3}$
(de 225000 ou de l'ancien système), lorsqu'il parle de la voie
Égnatienne (1), et tantôt à 8 stades (olympiques ou de
216000), quand il décrit la route qui traversoit la Gaule
et une partie de l'Espagne (2).

Quoi qu'il en soit de ces rapprochemens, le mille romain,
le même que celui du stade italique ou de 270000, est fixé,

(1) *Suprà*, *pag. 19, 20.*   (2) *Suprà*, *pag. 19, 20.*

dans la VII.ᵉ colonne du Tableau général, à 1481^m, 481 ; et, d'après les proportions données par Frontin (1), je trouve pour les autres mesures romaines les valeurs suivantes :

ÉVALUATION DES MESURES ROMAINES.

	Mètr.
DOIGT...	0, 018518.
C'est le doigt duodécimal du stade de 225000.	
ONCE ou POUCE, = 1 doigt ⅓...............................	0, 024691.
C'est le grand doigt du stade de 225000.	
PALME, = 4 doigts, ou 3 onces............................	0, 074074.
C'est le palme du stade de 225000.	
SEXTANS ou DODRANS, = 12 doigts, ou 9 onces............	0, 222222.
C'est la spit ame du stade de 225000.	
PIED, = 16 doigts, ou 12 onces..........................	0, 296296.
C'est le pied du stade de 225000.	
COUDÉE, = 18 onces, ou 6 palmes, ou 2 *sextans*, ou 1 pied ½......	0, 444444.
C'est la coudée de 24 doigts du stade de 225000.	
GRADUS [ou Pas simple], = 2 pieds ½.......................	0, 740741.
C'est le pas simple du stade de 225000.	
PASSUS [ou Pas double], = 5 pieds.........................	1, 481481.
C'est le pas double du stade de 225000 ; l'orgyie du stade de 270000.	
DECEMPEDA ou Perche, = 10 pieds..........................	2, 962963.
C'est la calame ou acœne du stade de 225000.	
STADE, = 625 pieds, ou 125 pas doubles (*du stade de 225000*).......	185, 185185.
C'est le stade de 216000 ou de 600 pieds olympiques, et de 8 au mille romain.	
MILLE, = 5000 pieds ou 1000 pas doubles (*du stade de 225000*)....	1481, 481481.
C'est le mille de 6000 pieds, ou de 1000 orgyies, ou de 10 stades de 270000.	

(Stade du dolique syrien, ou de 225000, ou de 8 ⅓ au mille romain........ 177^m, 777778.)
(Stade italique, ou de 270000, ou de 10 au mille romain.............. 148 , 148148.)

---

(1) Frontin. *Exposit. formar. pag. 30*, Collect. Goesii.

LA

LA VALEUR des mesures romaines une fois déterminée, sert à reconnoître les quatre suivantes.

ON TROUVE dans Hygin (1) que les Tongres, peuples de la Germanie, se servoient d'un pied nommé *Drusien*, qui avoit une once et demie de plus que le pied romain.

$$
\begin{aligned}
&\text{Le pied romain étant de} \dots\dots\dots\dots\dots\dots\dots\dots 0^{m}, 296296. \\
&\text{L'once, de} \dots\dots\dots\dots\dots\dots\dots\dots\dots\dots 0\ , 024691. \\
&\text{La demi-once, de} \dots\dots\dots\dots\dots\dots\dots\dots\dots 0\ , 012346. \\
\hline
&\text{Le pied } drusien \text{ devoit être de} \dots\dots\dots\dots\dots 0\ , 333333.
\end{aligned}
$$

Cette mesure répond juste à la coudée de 24 doigts du stade de 300000 (2), et décèle une origine asiatique. Les Romains, en l'appelant *Pes drusianus*, n'ont sûrement pas voulu dire que Drusus en avoit introduit l'usage chez les Tongres, mais seulement, qu'ayant trouvé cette coudée ou ce pied établi parmi ces peuples, il en avoit ordonné l'emploi pour régler le partage des terres. Si Drusus avoit porté chez les Tongres une mesure nouvelle, c'eût été le pied romain : il ne devoit pas en connoître d'autre.

SELON HYGIN (3), le pied ptolémaïque dont on se servoit

(1) Hygin. *De limitib. constituend. pag. 210.* Collect. Goesii.

(2) *Voyez* le Tableau général, colonne II.

(3) Hygin. *De limitib. constituend. pag. 210.* — Le pied ptolémaïque des Cyrénéens étoit

au pied romain :: 25 : 24. On verra, dans la suite, un autre pied ptolémaïque employé par les Alexandrins, et qui étoit au pied romain :: 24 : 20, ou :: 6 : 5.

dans la Cyrénaïque, étoit d'un pied romain, plus une demi-once.

> Le pied romain étant de. .... 0^m,296296.
>
> La demi-once, de.. 0 ,012346.
>
> Le pied ptolémaïque des Cyrénéens étoit de....... 0 , 308642.

Dans mon Tableau, ce pied est celui du stade olympique de 216000, dont les Grecs avoient introduit l'usage à Cyrène, l'une de leurs plus anciennes colonies.

LE MILLE ROMAIN sert aussi à faire connoître l'étendue de la lieue gauloise, fixée à quinze cents pas dans les Itinéraires, et dans les auteurs du moyen âge (1).

> Le mille romain étant de....................'.......... 1481^m,48148.
>
> Les 500 pas ou le demi-mille, de.................. 740 ,74074.
>
> La lieue gauloise valoit..................... 2222 ,222222.

Et le Tableau général fait voir que cette lieue est précisément le mille de dix stades de 500 au degré, ou de 180000 à la circonférence de la terre (2).

ON RETROUVE de même la valeur d'une mesure itinéraire

---

(1) Antonini Aug. *Itinerarium*, pag. 356, 359. — Ammian. Marcell. *Rerum gestar. lib. XVI, cap. 12*, pag. 140. — Jornandes, *De rebus Geticis*, pag. 118.

(2) D'Anville, *Mesures itinér. pag. 102*, cite la Vie de Saint Rémacle, dans laquelle la lieue gauloise est aussi fixée, dit-il, à 1500 pas, c'est-à-dire à 12 stades. J'observerai qu'il est ici question du stade olympique, et non du dolique, comme d'Anville l'a cru. En effet, 12 stades de 600 au degré, = 10 stades de 500.

que toute la Germanie, selon Saint Jérôme (1), employoit autrefois. Cette mesure portoit le nom de *Raste*: on sait, par divers témoignages (2), qu'elle répondoit à trois milles romains, ou à deux lieues gauloises. Ainsi, d'après ce qui précède, la raste valoit 4444^m,₄₄₄; c'est la parasange de trente stades de 270000, et notre lieue commune de 25 au degré.

SYSTÈME MÉTRIQUE DES ARMÉNIENS,

D'APRÈS MOYSE DE CHORÈNE.

Moyse de Chorène nous a transmis un système métrique tiré, en grande partie, des ouvrages de Pappus d'Alexandrie, et que l'on avoit adapté à quelques usages arméniens. Le mélange des mesures, dans ce système, est très-remarquable; l'auteur dit (3):

> Le degré est de 500 *asparez* [stades];
> Le stade, de 100 pas;
> Le pas, de 6 pieds;
> Le pied, de 6 *mates* [doubles pouces];
> Le stade des stades, de 143 pas;
> Le mille, de 7 stades ou de 1000 pas;
> La parasange, de 3 milles;
> Le degré, mesuré en ligne droite, est de 500 stades.... de sorte que le degré contient 71 milles.

Les erreurs qu'on a cru voir (4) dans le rapprochement de ces mesures, viennent de ce qu'on n'a pas fait attention que l'auteur, pour présenter ses résultats en nombres ronds, s'est

(1) S. Hieronym. *Commentar. in Joel*, tom. *III*, pag. *1367*.

(2) Du Cange, *Glossar. ad Scriptor. med. et infim. latinitat.* verbo *Rasta*.

(3) Mosis Chorenensis *Geographia*, ad calcem *Historiæ Armeniacæ*, pag. *338*.

(4) D'Anville, *Traité des mesures itinéraires*, pag. *65, 66*.

permis de négliger quelques petites fractions qu'il est facile de rétablir ; et, comme il affecte de répéter que le stade est contenu 500 fois dans le degré, il n'est pas possible de douter qu'une grande partie du système qu'il expose ne doive se rapporter à la valeur de ce stade.

Il n'y a, en effet, que le stade des stades, et le mille, donné par l'auteur pour être à-la-fois de 7 stades, de 1000 pas, et de 71 au degré, qui présentent quelques difficultés.

Le *stade des stades*, composé de 143 pas arméniens, chacun de 6 pieds du stade de 500, seroit de $317^m,_{778}$; et, si l'on observe que cette somme excède seulement d'un millième celle de $317^m,_{460}$, qui, dans le Tableau général, forme le diaule du stade de 700 au degré, on reconnoîtra que ce diaule étoit le *grand stade* ou le *stade des stades* des Arméniens, et qu'il contenoit 142 $\frac{6}{7}$ pas arméniens, au lieu de 143.

Sept stades des stades valoient donc $2222^m,_{222}$; et c'est le mille que Moyse de Chorène dit être composé de 1000 pas arméniens, c'est-à-dire de 1000 orgyies du stade de 500.

Mais ce mille seroit de 50 au degré, et non de 71, comme le dit cet auteur ; il faut donc qu'il soit ici question d'un autre mille aussi en usage dans l'Arménie, et qu'il n'a point distingué, ou qu'il aura confondu avec le premier.

Le mille qui répondroit à sept stades de 500, vaudroit $1555^m,_{555}$, et seroit compris environ 71 fois $\frac{1}{2}$ dans le degré ; mais il n'appartiendroit à aucun système connu. Je pense que, pour rendre au mille dont il est question sa valeur réelle, il faut le composer de 7 stades $\frac{1}{7}$ de 500 ; alors il sera de $1587^m,_{302}$, il représentera juste le mille de dix stades de 700, et le degré en contiendra 70, au lieu de 71 que la fraction négligée a fait trouver à l'auteur.

Au moyen de ces légères corrections, le système arménien

devient très-juste; il se trouve combiné d'après les stades de 500 et de 700 au degré, et la valeur primitive des mesures qu'il renferme, se rétablit ainsi :

ÉVALUATION DES MESURES ARMÉNIENNES.

	Mètr.
MATE...	0, 061727.
C'est le double grand doigt ou le double pouce du stade de 500 au degré, ou de 180000.	
PIED, $=$ 6 mates..	0, 370370.
C'est le pied du stade de 180000.	
PAS, $=$ 6 pieds..	2, 222222.
C'est l'orgyie du stade de 180000.	
STADE de 500 au degré, $=$ 100 pas, ou 600 pieds............	222, 222222.
C'est le stade de 180000.	
STADE DES STADES, $=$ 142 pas $\frac{6}{7}$.	317, 460317.
C'est le diaule du stade de 700 au degré, ou de 252000.	
MILLE de 7 stades $\frac{1}{7}$ de 500, ou de 70 au degré...........	1587, 301587.
C'est le mille de dix stades de 252000.	
MILLE de 7 stades des stades, ou de 1000 pas................	2222, 222222.
C'est le mille de dix stades de 180000.	
PARASANGE de 3000 pas................................	6666, 666667.
C'est la parasange de 3 milles, ou de 30 stades de 180000.	

SYSTÈME MÉTRIQUE DES SYRIENS,
D'APRÈS SAINT ÉPIPHANE.

PARMI les fragmens tirés des œuvres attribuées à Saint Épiphane (1), on trouve l'exposition des mesures établies de son temps dans la Syrie. Cette exposition se divise en deux parties:

---

(1) Fragm. ex Epiphanio Cyprio, *De quantitate mensurar.* inter *Varia Sacra* Steph. Le Moine, *tom. I, pag. 499-503.*

dans l'une, le mille est évalué à sept stades ; dans l'autre, à sept stades et demi. Occupons-nous d'abord de la première.

Le mille de dix stades de 360000 à la circonférence de la terre étant le seul, comme je l'ai dit (1), qui réponde juste à sept stades d'un autre système, celui de 252000, il en résulte que le mille dont parle ici Saint Épiphane, ne peut être que celui du stade de 360000, et que les autres mesures comprises dans la première partie des extraits de cet auteur doivent être toutes évaluées comme celles du stade de 252000, et de la manière suivante (2) :

ÉVALUATION DES MESURES SYRIENNES.

	Mètr.
Doigt (*du stade de 252000, ou de 700 au degré*)................	0, 016534.
Palme, = 4 doigts (*du même stade*).......................	0, 066138.
Spithame, = 12 doigts, ou 3 palmes (*du même stade*),...........	0, 198413.
Pied, = 16 doigts, ou 4 palmes (*du même stade*)...............	0, 264550.
Coudée, = 24 doigts, ou 6 palmes, ou 2 spithames (*du même stade*).	0, 396825.
Pas, = 40 doigts, ou 10 palmes, &c. (*du même stade*)...........	0, 661376.
Orgyie, = 96 doigts, 24 palm., 8 spith., 6 pieds, 4 coud. (*du même stade*).	1, 587302.
Acæne, = 160 doigts, ou 40 palm. ou 10 pieds (*du même stade*)...	2, 645503.
Plèthre, = 10 acænes, &c. (*du même stade*)................	26, 455026.
Stade, = 9600 doigts, 800 spith., 600 pieds, 400 coud., 100 org., &c..	158, 730159.
C'est le stade de 252000, ou de 700 au degré.	
Mille, = 67200 doigts, 4200 pieds, 1680 pas, 700 orgyies, 7 stades, &c.	1111, 111111.
C'est le mille de 1000 orgyies, ou de 10 stades de 360000.	

(1) *Suprà, pag. 32, 33.*

(2) *Voyez* les colonnes III et IX, 2, du Tableau général.

AUTRE SYSTÈME MÉTRIQUE DES SYRIENS,
D'APRÈS SAINT ÉPIPHANE.

APRÈS avoir donné les détails du système précédent, Saint Épiphane ajoute (1) :

> Quelques personnes assurent que le mille contient sept stades et demi.
> Le diaule est de deux stades.
> Le dolique est de 12 stades.
> La parasange, qui est une mesure persique, est de 30 stades ou de 4 milles.
> Les relais pour le service public sont estimés parmi nous à 6 milles, ou 45 stades.

Ainsi, dans ces mesures, le mille se trouve évalué à sept stades et demi. On a vu (2) que cette sorte de mille pouvoit être composée de quatre stades différens; mais, comme on vient de reconnoître le mille employé par Saint Épiphane dans celui du stade de 360000, il doit paroître certain que cet auteur veut maintenant parler du stade de 270000, le seul qui soit contenu 7 fois $\frac{1}{2}$ dans le mille précédent. Dès-lors, les mesures dont il est question doivent s'évaluer comme il suit :

AUTRE ÉVALUATION DES MESURES SYRIENNES.	Métr.
STADE *(de 750 au degré, ou de 270000 à la circonférence de la terre)*...	148, 148148.
DIAULE *(ou double stade)*..	296, 296296.
MILLE, de 7 stades $\frac{1}{2}$ *[de 270000]*.............................	1111, 111111.
C'est le mille de 10 stades de 360000.	
DOLIQUE, de 12 stades *[de 270000]*	1777, 777778.
C'est le mille de 10 stades de 225000.	
PARASANGE, de 30 stades, ou de 4 milles......................	4444, 444444.
C'est la parasange de 30 stades de 270000, ou de 4 milles du stade de 360000.	
RELAIS, de 6 milles, ou de 45 stades...........................	6666, 666667.
C'est la parasange de 6 milles, ou 60 stad. de 360000, qui valent 45 stad. de 270000.	

(1) Fragm. ex Epiphan. &c., *pag. 502, 503.*   (2) *Suprà, pag. 32, 33.*

DOUBLE SYSTÈME MÉTRIQUE DES SYRIENS,
D'APRÈS JULIEN D'ASCALON.

QUELQUES-UNES des mesures données par Saint Épiphane reparoissent, mais sous un autre aspect, dans les extraits de Julien d'Ascalon, qu'Harménopule nous a conservés. En voici les détails tels qu'ils nous sont parvenus (1) :

Le pied est de 4 palmes.........................	16 doigts.
Le palme, de 4 doigts............................	4.
La coudée, de 8 palmes.........................	32.
Le doigt est la première des mesures, comme l'unité est le premier des nombres ; de sorte que	
Le palme est de 4 doigts........................	4.
La coudée, d'un pied et demi, ou de 6 palmes.........	24.
Le pas, de 2 coudées, ou 3 pieds, ou 12 palmes......	48.
L'orgyie, de 2 pas, ou 4 coudées, ou 6 pieds.........{	96.
ou de 9 spithames et 4 doigts..................{	112.
L'acæne, d'une orgyie et demie, ou 6 coudées, ou 9 pieds, ou 36 palmes.............................	144.
Le plèthre, de 10 acænes, ou 15 orgyies, ou 30 pas, ou 60 coudées, ou 90 pieds.........................	1440.
Le stade, de 6 plèthres, ou 60 acænes, ou 100 orgyies, ou{	8640.
240 pas, ou 400 coudées, ou 600 pieds..........{	9600.

Le mille, selon Ératosthène et Strabon, contient 8 stades $\frac{1}{3}$, ou 836 orgyies.

Mais, selon l'usage actuel, le mille est de 7 stades $\frac{1}{2}$, ou de 750 orgyies, ou de 1500 pas, ou de 3000 coudées (2).

Il importe de bien savoir que le mille dont on se sert aujourd'hui, et qui est de 7 stades $\frac{1}{2}$, contient, comme nous l'avons dit, 750 orgyies géométriques ou 840 orgyies simples.

De sorte que 100 orgyies géométriques valent 112 orgyies simples.

(1) Julian. Ascalonit. *apud* Harmenopul. *in Promptuar. Juris civil. lib. II, titul. 4, pag. 144, 145.*

(2) Nos éditions portent πήχεις ϛ′ *[6 cou-* *dées]* : c'est visiblement une faute. Dans le manuscrit du Roi, n.° *1351, fol. 447 verso,* il y a πήχεις Γ *[3000 coudées],* et c'est ainsi qu'il faut lire.

Ce

Ce système présente des particularités qu'on ne rencontre dans aucun autre. Pour les faire mieux apercevoir, j'ai cru devoir ajouter le nombre des doigts qui, d'après les indications du texte, entroient dans la composition de chaque mesure. On y remarque deux orgyies, l'une de 96 doigts, l'autre de 112; une acæne de 144 doigts, au lieu de 160 qu'elle devroit avoir; un plèthre de 1440 doigts, au lieu de 1600; un stade de 8640 doigts, un autre de 9600 doigts; deux milles itinéraires, l'un de 8 stades $\frac{1}{3}$, l'autre de 7 stades $\frac{1}{4}$; et quelques irrégularités apparentes ou réelles, dont je parlerai dans la suite.

LE TRADUCTEUR d'Harménopule, Jean Mercier, ne s'étant pas aperçu que la plupart de ces évaluations inusitées pouvoient venir des divers élémens dont ce système se trouvoit composé, a cru le texte de Julien fort altéré : les corrections qu'il propose sont insuffisantes pour éclaircir les difficultés qu'il entrevoyoit, et d'ailleurs elles bouleverseroient le système dont il est question.

L'AUTEUR, pour mieux distinguer les deux milles dont il parle, donne au premier le nom de mille d'Ératosthène et de Strabon, en le faisant de 8 stades $\frac{1}{3}$. Cette indication rappelle le passage du second de ces géographes, que j'ai cité plus haut (1). Seulement, il paroît que, dans le texte de Julien, le nom d'Ératosthène doit être remplacé par celui de Polybe, puisque c'est cet historien qui avoit annoncé l'existence d'un stade contenu 8 fois $\frac{1}{3}$ dans le mille romain; et son assertion, confirmée long-temps après l'époque où il vivoit, ne permet plus de supposer une méprise dans le passage de Strabon.

On a vu, dans le second extrait de Saint Épiphane (2),

qu'en Palestine, sa patrie et celle de Julien, le dolique étoit compté au nombre des mesures itinéraires, et qu'il égaloit douze stades italiques, ou de 270000. C'étoit, comme je l'ai dit (1), un mille dont la longueur répondoit à 1777^m,778, et qui, divisé par dix, comme tous les autres milles, produisoit un stade de 177^m, 778. Or ce stade, multiplié par huit et un tiers, donne 1481^m, 481 : c'est précisément la longueur du mille romain; et l'on ne peut douter que ce stade et ce mille ne soient ceux dont Polybe et Julien d'Ascalon connoissoient l'usage.

De plus, ce même stade, multiplié sept fois et demie, donnera 1333^m, 333, ou le mille de dix stades de 300000, pour celui que Julien indique comme étant le plus usuel à l'époque et dans la contrée où il écrivoit.

VOILÀ donc les deux milles itinéraires désignés par cet auteur, avec les proportions exactes qu'il leur donne. Il parle aussi de deux orgyies, l'une qu'il appelle orgyie *simple*, l'autre, orgyie *géométrique*, et qui différoient entre elles comme les nombres 750 et 840, ou comme 100 et 112 : l'emploi d'une seconde orgyie supposant celui d'un second stade, il faut chercher ce stade pour compléter les bases du système qui nous est transmis par Julien.

En partant du stade de 177^m,778, dont l'auteur vient de composer les deux milles précédens, la proportion de 100 à 112 donne, pour le second stade, celui de 158^m, 730, ou de 252000, que l'on a vu paroître dans l'un des deux systèmes syriens rapportés par Saint Épiphane (2), et dont l'emploi ne pouvoit pas être oublié au temps de Julien.

LA COMPARAISON des mesures déduites de ces deux systèmes

---

(1) *Suprà, pag. 18, 19, 47.*   (2) *Suprà, pag. 46.*

ne pouvant se faire sans employer de très-petites fractions, l'auteur les a négligées dans l'exposition de quelques-unes de ces mesures, afin d'exprimer en nombres ronds, et en parties aliquotes du stade de 225000, les valeurs approximatives de l'acæne, du plèthre et du stade de 252000. C'est ainsi qu'au lieu de comparer l'acæne de ce dernier stade à une orgyie $\frac{125}{256}$, ou à 35 palmes $\frac{5}{7}$ du premier, il a porté cette acæne à une orgyie et demie, ou à 36 palmes; et le plèthre, ainsi que le stade, ont été augmentés proportionnellement : de sorte que ces mesures ainsi présentées sembleroient appartenir plutôt au stade de 250000 qu'à celui de 252000. Mais, pour admettre cette hypothèse, il faudroit changer les proportions générales données de 100 à 112, en celles de 100 à 111 $\frac{1}{9}$, et compliquer toutes les opérations pour une différence presque insensible dans les usages de la vie. On a vu d'ailleurs (1) que c'est du stade de 252000 qu'on se servoit en Syrie; et, ce stade n'étant qu'une altération légère de celui de 250000 (2), on croyoit sans doute qu'il importoit peu d'employer les subdivisions de l'un ou de l'autre.

Une des particularités de ce système, en le supposant complet, est de n'offrir qu'une seule acæne et un seul plèthre, quoique les autres mesures fussent doubles. L'auteur me semble même indiquer une troisième orgyie, qu'il dit être de neuf spithames et quatre doigts, ou de 112 doigts; et ce n'est pas une erreur, comme on l'a imaginé. Cette orgyie reparoîtra dans les extraits d'Héron d'Alexandrie. Je la distingue de l'orgyie simple et de l'orgyie géométrique dont parle Julien, parce que ces deux dernières différoient entre elles comme les nombres 100 et 112, tandis que l'orgyie dont il est maintenant question, différoit de

____

(1) *Suprà, pag. 46.*   (2) *Suprà, pag. 21, 22.*

G 2

celle du stade de 252000, dans la proportion de 112 à 96.
La preuve en est, que, si on la compose de 112 doigts du
stade précédent, on a juste l'orgyie du stade olympique de
216000, et un moyen très-simple de convertir les mesures
syriennes et égyptiennes en mesures grecques.

Les erreurs qu'on a cru apercevoir dans ces extraits de
l'ouvrage de Julien, sont donc en petit nombre.

Il faut rétablir dans son système la spithame que les copistes
paroissent avoir oubliée; il en est question à l'article de l'orgyie.

Je rétablis également le pas simple, que l'auteur dit être
contenu 240 fois dans le stade; ce qui est exact.

Quant au pas de deux coudées, c'est sans doute une trans-
position de nom occasionnée par l'omission du pas simple.
Deux coudées ou 48 doigts forment la verge; et c'est ce mot
qu'il faut substituer à celui du pas, dans les articles de l'orgyie,
du plèthre, et du mille de sept stades et demi, où cette mesure
est rappelée.

D'après le texte, le mille de 8 stades $\frac{1}{3}$ paroîtroit composé de
836 orgyies : c'est visiblement une faute de copiste. Le stade
étant toujours de cent orgyies, les 8 stades $\frac{1}{3}$ font nécessairement 833 orgyies $\frac{1}{3}$; et c'est ainsi qu'il faut lire.

Je conserve dans le texte la coudée de huit palmes que l'auteur cite séparément de la coudée de six palmes. Je ne vois pas
de raison pour changer la première indication, comme le vouloit le traducteur.

Au moyen de ces diverses observations, les mesures dont je
viens de parler se rétablissent et s'évaluent de la manière suivante, dans le double système qu'elles embrassent :

ÉVALUATION DU DOUBLE SYSTÈME MÉTRIQUE DES SYRIENS.

	STADE de 225000.	STADE de 252000.
	Mètr.	Mètr.
DOIGT.	0, 018518.	0, 016534.
PALME, = 4 doigts.	0, 074074.	0, 066138.
SPITHAME, = 12 doigts.	0, 222222.	0, 198413.
PIED, = 4 palmes.	0, 296296.	0, 264550.
COUDÉE, = 6 palmes, ou 24 doigts.	0, 444444.	0, 396825.
COUDÉE, = 8 palmes ou 32 doigts.	0, 592593.	0, 529101.
PAS SIMPLE, = 40 doigts.	0, 740741.	0, 661376.
VERGE, = 12 palmes, ou 3 pieds, ou deux coudées de 24 doigts.	0, 888889.	0, 793651.
ORGYIE SIMPLE, = 6 pieds, ou 96 doigts du stade de 252000.		1, 587302.
ORGYIE GÉOMÉTRIQUE, = 6 pieds, ou 96 doigts du stade de 225000.	1, 777778.	
ACÆNE... { de 142 doigts $\frac{6}{7}$ du stade de.. 225000 } { de 160 doigts du stade de..... 252000 }		2, 645503.
PLÈTHRE.. { de 1428 doigts $\frac{4}{7}$ du stade de.. 225000 } { de 1600 doigts du stade de..... 252000 }		26, 455026.
STADE ... { de 8571 doigts $\frac{3}{7}$ du stade de.. 225000 } { de 9600 doigts du stade de..... 252000 }		158, 730159.
STADE de 100 orgyies géométriq., ou de 9600 doigts du stade de 225000.	177, 777778.	

C'est le stade de 10 au dolique ou mille syrien, et de 8 $\frac{1}{3}$ au mille romain.

MILLE de Polybe, de 833 $\frac{1}{3}$ orgyies géométriq., ou de 8 stades $\frac{1}{3}$ de 225000... 1481, 481481.
C'est le mille de 10 stades de 270000, ou le mille romain.

MILLE en usage au temps de Julien, = 750 orgyies géométriq., ou 7 stades $\frac{1}{2}$ de 225000, ou 840 orgyies simples du stade de 252000... 1333, 333333.
C'est le mille de 10 stades de 300000.

$$\left.\begin{array}{l} \text{100 orgyies géométriques de......} 1^m, 777778 \\ \text{112 orgyies simples de..........} 1, 587302 \end{array}\right\} = 177^m, 777778.$$

L'ORGYIE, de 9 spithames et 4 doigts, ou de 112 doigts, du stade de 252000, représente l'orgyie de 96 doigts du stade olympique de 216000, et vaut 1^m, 851852.

SYSTÈME MÉTRIQUE DES GRECS D'ALEXANDRIE,
ANTÉRIEUR À L'ÉPOQUE D'HÉRON.

LE SYSTÈME MÉTRIQUE le plus complet de ceux que les Grecs nous ont transmis, est celui qui se trouve dans les fragmens d'Héron d'Alexandrie (1). Cet auteur y présente deux séries de mesures; l'une qu'il dit être en usage de son temps, l'autre qu'il annonce avoir été employée auparavant. Dans la première, il donne la valeur relative des mesures, depuis le doigt jusqu'au pas double seulement; dans la seconde, il prolonge ces détails jusqu'à la parasange.

C'est dans cette dernière partie qu'Héron compare le mille à sept stades et demi, en ajoutant que ce mille contient 4500 pieds *philétéréens,* ou 5400 pieds *italiques :* ainsi ces pieds étoient entre eux dans la proportion de 6 à 5.

Cette proportion se trouve quatre fois parmi les différens stades dont j'ai parlé (2); et pour reconnoître celui qu'Héron a voulu désigner, il faut déterminer ce qu'il a pu entendre par les dénominations de pied philétéréen et de pied italique, qu'on ne rencontre dans aucun autre écrivain.

M. Girard (3) ayant trouvé la coudée du nilomètre d'Éléphantine de 527 millimètres, en fait la coudée de 24 doigts de l'ancien système rapporté par Héron : il pense que ce système étoit celui des Égyptiens sous les Ptolémées ; que les deux tiers de cette coudée donnoient pour le pied philétéréen $0^{m},_{35133}$, et pour le pied italique, d'après la proportion précédente, $0^{m},_{2927}$. De plus, comme ce dernier nombre approche de la valeur du pied

---

(1) Excerpta ex Herone geometrâ, *de Mensuris.* Inter *Analecta græca, tom. I,* pag. 313-315.

(2) Savoir : entre les stades
de 300000 et de 360000,
250000 300000,
225000 270000,
180000 ..... 216000.

(3) *Suprà, pag. 25, 26.*

du mille romain, M. Girard veut que, sous le nom de pied italique, Héron ait indiqué le pied romain ; il évalue d'après ces bases toutes les mesures dont parle cet ancien, et fixe le stade alexandrin, composé de 600 pieds philétéréens, ou de 400 coudées, à $210^m,798$.

J'ai dit (1) que les anciens n'avoient fait aucune mention d'un stade semblable, malgré les relations continuelles que les Grecs et les Romains entretenoient avec l'Égypte ; et d'ailleurs ce stade ne se rattacheroit à aucun des stades primitifs. J'ai montré aussi que la coudée d'Éléphantine étoit la grande coudée de 32 doigts du stade égyptien de 252000 (2) ; et l'on ne trouve nulle part que cette coudée, multipliée 400 fois au lieu de 300 fois, ait été employée pour former une mesure itinéraire. Ces considérations peuvent donc faire douter que les évaluations données par M. Girard soient celles qu'il convient d'appliquer au système dont je m'occupe ; et si, parmi les mesures prises sur les monumens de l'Égypte, on en trouve qui peuvent être rapportées à un pied analogue à celui du mille romain, je pense qu'il faut chercher l'origine de ce pied ailleurs · que dans les divisions du nilomètre d'Éléphantine.

On a vu, dans les systèmes transmis par Saint Épiphane et par Julien d'Ascalon, que le stade de 270000 et celui de 225000 étoient employés dans la Syrie (3) : la proximité de l'Égypte, limitrophe de cette contrée, ne permet guère de croire que les mesures syriennes fussent étrangères aux Égyptiens, sur-tout après la conquête des Romains ; d'autant mieux que, les subdivisions du stade de 225000 ayant les mêmes valeurs que celles du mille romain (4), le doigt, le palme, la spithame, le pied,

---

(1) *Suprà, pag. 26.*

(2) *Suprà, pag. 26, 27.*

(3) *Suprà, pag. 47, 50, 53.*

(4) Comparez le tableau de la *page 4•* avec celui de la *page 58.*

la coudée, le pas et la calame de ce stade, répondoient exactement au doigt, au palme, au *dodrans,* au pied, à la coudée, au *gradus* et au *decempeda* de ce mille : de sorte que, sans rien déranger à leurs systèmes métriques, les Romains, les Syriens et les Égyptiens y trouvoient des points de comparaison auxquels toutes leurs autres mesures pouvoient se rattacher ; objet fort important pour la répartition des impôts, chez les nations vaincues.

Mais il y a plus ; un passage d'Hérodote (1) semble annoncer que le stade de 225000 étoit connu en Égypte bien avant l'arrivée des Romains. Cet auteur dit avoir mesuré la base de la grande pyramide, et l'avoir trouvée de huit plèthres. Cette base étant de $232^m,_{6678}$ (2), si on la divise par huit, on a $29^m,_{0835}$; et c'est, à un demi-mètre près, le plèthre du stade dont je parle (3).

Il est même fort vraisemblable qu'Ératosthène avoit employé, dans quelques circonstances, le stade de 225000, et que c'est à ce sujet qu'Hipparque aura dit qu'il falloit ajouter au nombre précédent environ 25000 stades pour compléter le périmètre de la terre en stades égyptiens de 250000 ou 252000. Pline (4) paroît avoir mal compris Hipparque, lorsqu'il dit que cet ancien ajoutoit un peu moins de 25000 stades aux 252000 qu'Ératosthène donnoit à la circonférence du globe, puisqu'il en seroit résulté un stade d'environ 277000, dont il ne reste aucun souvenir. Il est certain d'ailleurs qu'Hipparque a toujours employé, dans ses discussions géographiques, et sur-tout pour former sa Table des climats, le stade de 252000, ou de 700 au degré (5).

---

(1) Herodot. *lib. II, §. 124, 127, pag. 164, 165.*

(2) *Suprà, pag. 26.*

(3) *Voyez* le Tableau général, col. VIII.

(4) Plin. *lib. II, cap. 112.*

(5) *Voyez* l'article HIPPARQUE, dans le premier volume de mes *Recherches.*

Quoi

Quoi qu'il en soit, je me bornerai à observer que les deux stades précédens de 270000 et de 225000 diffèrent entre eux comme les nombres 5 et 6, et se trouvent dans les mêmes proportions que le pied italique et le pied philétéréen d'Héron. J'ai fait voir que le premier de ces stades étoit appelé italique par Censorin (1); et il n'y a aucune raison pour douter que le pied italique d'Héron ne soit le pied du même stade. Sa longueur est fixée, dans la VII.ᵉ colonne du Tableau général, à 0^m, 246914; le pied philétéréen, plus grand d'un cinquième, étoit donc de 0^m, 296296, et c'est précisément le pied romain, celui du stade de 225000, contenu 6000 fois dans l'ancien mille romain, ou 5000 fois dans le nouveau, c'est-à-dire dans le mille du stade italique de 270000, comme je l'ai expliqué ailleurs (2).

On ne doit pas s'étonner de rencontrer en Syrie et en Égypte les élémens des mêmes mesures dont on se servoit en Italie : seulement, il ne faut pas en conclure que les Romains eussent substitué leur système métrique à ceux que les Syriens et les Égyptiens employoient auparavant; il faut reconnoître au contraire que ces mesures asiatiques furent portées en Italie par les anciennes colonies qui peuplèrent l'Étrurie, et que c'est de là que les Romains empruntèrent leurs mesures, comme ils en avoient emprunté leurs arts.

Ainsi je prends pour le pied *philétéréen* celui du stade de 225000; pour le pied *italique*, celui du stade de 270000; et ces bases me servent à rétablir la seconde série des mesures, ou l'ancien système présenté par Héron.

---

(1) *Suprà*, pag. *15, 16.*

(2) *Suprà, pag. 38.*—Comparez les colonnes VII et VIII du Tableau général.

H

ÉVALUATION DES MESURES EMPLOYÉES PAR LES GRECS D'ALEXANDRIE,
AVANT L'ÉPOQUE D'HÉRON.

	Mètr.
DOIGT..	0, 018518.
C'est le doigt du stade de 225000, et le doigt du mille romain.	
PALME, $=$ 4 doigts......................................	0, 074074.
C'est le palme du stade de 225000, et le palme du mille romain.	
DICHAS, $=$ 8 doigts, ou 2 palmes.......................	0, 148148.
C'est le dichas du stade de 225000.	
SPITHAME, $=$ 12 doigts, ou 3 palmes...................	0, 222222.
C'est la spithame du stade de 225000, et le sextans ou dodrans du mille romain.	
PIED ITALIQUE, $=$ 13 doigts $\frac{1}{3}$...................	0, 246914.
C'est le pied de 16 doigts du stade italique, ou de 270000.	
PIED ROYAL ou *PHILÉTÉRÉEN*, $=$ 16 doigts, ou 4 palmes..........	0, 296296.
C'est le pied du stade de 225000, et le pied du mille romain.	
PYGON, $=$ 20 doigts, ou 5 palmes.......................	0, 370370.
C'est le pygon du stade de 225000.	
COUDÉE XYLOPRISTIQUE, $=$ 24 doigts, ou 6 palmes........	0, 444444.
C'est la petite coudée du stade de 225000, et la coudée du mille romain.	
PAS, $=$ 40 doigts, ou 10 palmes.......................	0, 740741.
C'est le pas simple du stade de 225000, et le gradus du mille romain.	
XYLON, $=$ 72 doigts, ou 18 palmes, ou 4 pieds $\frac{1}{2}$ *philétéréens*, ou 3 coudées.	1, 333333.
C'est le xylon du stade de 225000, et l'orgyie du stade de 300000.	
ORGYIE, $=$ 6 pieds *philétéréens*, ou 7 pieds $\frac{1}{3}$ *italiques*, ou 4 coudées.........	1, 777778.
C'est l'orgyie du stade de 225000.	
CALAME ou ACÆNE, $=$ 160 doigts, ou 10 pieds *philétér.*, ou 12 pieds *italiq.*...	2, 962963.
C'est la calame du stade de 225000, et le decempeda ou la perche de 10 pieds romains.	
AMMA, $=$ 60 pieds *philétéréens*, ou 72 pieds *italiques*, ou 40 coudées........	17, 777778.
C'est l'amma du stade de 225000.	
PLÈTHRE, $=$ 100 pieds *philétéréens*, ou 120 pieds *italiques*, ou 10 calames.....	29, 629630.
C'est le plèthre du stade de 225000.	
STADE, $=$ 600 pieds *philétér.*, ou 720 pieds *italiq.*, ou 400 coud., ou 100 orgyies.	177, 777778.
C'est le stade de 225000 à la circonférence, ou de 625 au degré; c'est le stade du dolique syrien.	
DIAULE, $=$ 1200 pieds *philétér.*, ou 1440 pieds *italiq.*, ou 800 coud., ou 2 stad..	355, 555555.
MILLE, $=$ 4500 pieds *philétéréens*, ou 5400 pieds *italiques*, ou 3000 coudées,	
ou 1800 pas, ou 750 orgyies, ou 45 plèthres, ou 450 acænes, ou 7 stades $\frac{1}{2}$...	1333, 333333.
C'est le mille de 10 stades de 300000, ou de 7 stades $\frac{1}{2}$ de 225000.	
SCHŒNE ou PARASANGE PERSIQUE, $=$ 30 stades, ou 4 milles.............	5333, 333333.
C'est la parasange de 30 stades de 225000, ou de 4 milles du stade de 300000.	

SYSTÈME MÉTRIQUE DES GRECS D'ALEXANDRIE,

AU TEMPS D'HÉRON.

LES MESURES en usage à Alexandrie, au temps d'Héron, étoient, selon cet auteur (1),

> Le doigt;
> Le condyle, de 2 doigts;
> Le palme, de 4 doigts;
> Le dichas, de 8 doigts;
> La spithame, de 12 doigts;
> Le pied, de 16 doigts;
> La coudée lithique, de 24 doigts, semblable à la coudée xylopristique;
> La coudée, de 32 doigts;
> Le pas simple, de 40 doigts;
> Le pas double, de 80 doigts.

> L'orgyie, employée à la mesure des terres labourables, étoit de 9 spithames royales $\frac{1}{4}$.

Cette nomenclature, comparée à celle du système précédent, fait voir qu'on avoit intercalé, parmi ses autres subdivisions, le condyle, la coudée de 32 doigts, et le pas double; en y supprimant le pied *italique,* le pygon et le xylon. Mais, l'auteur ne donnant ni le mille, ni le stade, ni même l'orgyie de ce nouveau système, il seroit impossible de fixer la valeur de ces mesures, s'il n'avoit ajouté que *la coudée lithique de 24 doigts étoit semblable à la coudée xylopristique.* Il parle de cette coudée dans l'exposition de l'ancien système, en lui donnant aussi 24 doigts; et, de ce rapprochement, il résulte que la série des mesures dont il

(1) Excerpta ex Herone geometr. *de Mensuris,* pag. *308-310.*

H 2

est maintenant question, avoit les mêmes élémens et devoit avoir les mêmes valeurs que les mesures correspondantes de l'ancien système. Le pas simple, par exemple, y étant de 0^m,74074¹, le pas double de celui-ci devoit être de 1^m,48148¹.

Cependant, comme l'auteur distingue formellement ces deux systèmes, il n'est pas possible de douter qu'ils n'offrissent quelque différence essentielle; et si on ne la découvre pas au premier aspect, c'est qu'il faut la chercher dans les multiples de l'une des nouvelles mesures qu'il indique. Or, trouvant ici le pas double substitué à l'orgyie, comme dans le système romain (1), tout annonce que son usage devoit y être le même, et que, multiplié mille fois, il produisoit un mille itinéraire de 1481^m,48¹. Dès-lors on voit en quoi consistoit la différence des deux systèmes : dans l'ancien, le mille étoit composé de 4500 pieds *philétéréens ;* dans le nouveau, le mille contenoit 5000 pieds semblables; c'est-à-dire que les Alexandrins avoient abandonné le mille du stade de 300000, pour adopter celui du stade de 270000 dont se servoient les Romains, en conservant de même à ce dernier mille les subdivisions du stade de 225000, qu'ils employoient auparavant.

Quant à l'orgyie citée par Héron, il est facile de reconnoître qu'elle n'appartient point au système des mesures qui la précèdent, puisque l'auteur la compose de neuf spithames royales et un quart, tandis qu'elle n'auroit pu être que de huit spithames, si elle avoit appartenu à la série de ces mesures : aussi prévient-il qu'elle servoit spécialement à mesurer les terres labourables. Cette orgyie isolée, que l'habitude des Égyptiens leur avoit fait conserver, malgré le changement de domination, a déjà paru isolément aussi parmi les mesures syriennes rappor-

_____
(1) *Suprà, pag. 38.*

técs par Julien d'Ascalon, qui donne sa valeur plus exactement, en la fixant à neuf spithames et un tiers; et j'ai dit (1) que cette orgyie étoit celle du stade grec ou olympique de 216000, exprimée en spithames égyptiennes du stade de 252000.

Le nom de *royal*, donné par Héron au pied philétéréen et à la spithame dont il est question, ainsi que la conversion de $9\frac{1}{3}$ de ces spithames en une orgyie olympique, pourroient faire penser que le système métrique des Alexandrins se trouvoit établi sur la combinaison du stade de 216000 avec celui de 252000, dont l'usage simultané a existé en Égypte, comme on le verra bientôt (2). Mais, pour le système décrit par Héron, et au temps de ce géomètre, cet arrangement ne pouvoit avoir lieu, puisque, indépendamment de ce qu'il faudroit prendre le pied *philétéréen* pour celui du stade olympique de 216000, et le pied *italique* pour celui du stade égyptien de 252000, ces pieds se trouveroient entre eux dans la proportion de 7 à 6, tandis que la différence doit être de 6 à 5, comme l'auteur le répète jusqu'à huit fois.

Je crois donc que les mesures employées à Alexandrie, au temps d'Héron, doivent être évaluées comme on le voit daus le Tableau suivant.

(1) *Suprà, pag. 51, 52.*   (2) *Infrà, pag. 66, 67.*

ÉVALUATION DES MESURES EMPLOYÉES PAR LES GRECS D'ALEXANDRIE,
AU TEMPS D'HÉRON.

	Mètr.
DOIGT..	0, 018518.
C'est le doigt du stade de 225000, et le doigt du mille romain.	
CONDYLE, $=$ 2 doigts...	0, 037037.
C'est le condyle du stade de 225000.	
PALME, $=$ 4 doigts..	0, 074074.
C'est le palme du stade de 225000, et celui du mille romain.	
DICHAS, $=$ 8 doigts, ou 4 condyles, ou 2 palmes......................	0, 148148.
C'est le dichas du stade de 225000.	
SPITHAME, $=$ 12 doigts, ou 6 condyles, ou 3 palmes...................	0, 222222.
C'est la spithame du stade de 225000, et le sextans ou dodrans du mille romain.	
PIED, $=$ 16 doigts, ou 8 condyles, ou 4 palmes, ou 1 spithame $\frac{1}{3}$...........	0, 296296.
C'est le pied du stade de 225000, ou le pied philétéréen, et le pied du mille romain.	
COUDÉE LITHIQUE, $=$ 24 doigts &c. : la même que la coudée xylopristique,	0, 444444.
C'est la petite coudée du stade de 225000, et la coudée du mille romain.	
COUDÉE, $=$ 32 doigts, ou 16 condyles, ou 8 palmes, ou 2 pieds...........	0, 592593.
C'est la grande coudée du stade de 225000.	
PAS SIMPLE, $=$ 40 doigts, ou 10 palmes, ou 3 spithames $\frac{1}{3}$, ou 2 pieds $\frac{1}{2}$....	0, 740741.
C'est le pas simple du stade de 225000, le gradus du mille romain.	
PAS DOUBLE, $=$ 80 doigts, ou 20 palmes, ou 6 spithames $\frac{2}{3}$, ou 5 pieds.......	1, 481481.
C'est le pas double du stade de 225000, l'orgyie du stade de 270000, et le passus du mille rom.	
(MILLE, $=$ 1000 pas doubles, ou 5000 pieds).........................	1481, 481481.
C'est le mille de 10 stades, ou de 1000 orgyies du stade de 270000 : c'est le mille romain.	

L'ORGYIE employée à la mesure des terres labourables contient 9 $\frac{1}{3}$ spithames royales, ou 112 doigts du stade de 252000, et vaut 1ᵐ, 851852.
C'est l'orgyie du stade olympique de 216000.

AUTRES MESURES
EMPLOYÉES PAR LES GRECS D'ALEXANDRIE,
SELON DIDYME.

DANS un manuscrit de la Bibliothèque du Roi (1), on trouve, parmi plusieurs traités d'Héron, un petit ouvrage sur la mesure des pierres et des bois, attribué à Didyme d'Alexandrie, et qui offre les rapprochemens suivans :

" La coudée est de 6 palmes, ou de 24 doigts, ou de $1\frac{1}{2}$ pied ptolé-
maïque, ou de $1\frac{4}{5}$ pied romain ;
Le pied ptolémaïque est de 16 doigts, ou 4 palmes ;
Le pied romain est de 13 doigts $\frac{1}{3}$, ou de 3 palmes $\frac{1}{3}$;
Le pied ptolémaïque est à la coudée royale dans la proportion de 2 à 3 ;
Le pied romain est à la coudée royale dans la proportion de 5 à 9 ;
Cent coudées valent 180 pieds romains.

La différence du pied *ptolémaïque* au pied *romain* étant ici de 6 à 5, et pareille à la différence indiquée par Héron, entre le pied *philétéréen* et le pied *italique* (2), on a cru pouvoir en conclure que le pied philétéréen étoit le même que le pied ptolémaïque, et le pied italique le même que le pied romain (3).

Mais je ne pense pas que cette espèce d'analogie, qui d'ailleurs se présente et se répète quatre fois parmi les stades dont j'ai parlé, puisse autoriser à croire que des auteurs qui écrivoient dans la même ville, et, selon toutes les apparences, à des époques peu éloignées, aient affecté de donner à des mesures

(1) Manuscrit grec, n.º 2475, *fol. 74, 75.*
(2) *Suprà, pag. 54.*

(3) Girard, *Mémoire sur les mesures agraires des anciens Égyptiens, pag. 15, 16.*

semblables des dénominations différentes. Ces sortes de suppositions n'ont de probabilité que quand la méprise des auteurs est évidente. Dans le manuscrit du Roi, le système des mesures d'Héron est donné immédiatement après celui de Didyme, sans qu'il soit dit que le pied philétéréen fût le même que le pied ptolémaïque, ni que le pied italique fût égal au pied romain. N'est-ce pas une preuve que la différence des noms suffisoit pour indiquer la différence des longueurs! et peut-on changer les dénominations techniques employées par les anciens, sans risquer de leur faire dire autre chose que ce qu'ils ont voulu exprimer! On a vu Saint Épiphane décrire deux systèmes métriques reçus de son temps dans la Syrie, et Julien d'Ascalon en présenter un troisième. Héron parle également de deux systèmes alexandrins; et celui de Didyme pouvoit différer de ceux d'Héron, ou appartenir à quelque canton de la Basse-Égypte, sans que cette variété, dans un pays où l'abord fréquent des nations étrangères entremêloit tous les usages, doive paroître extraordinaire.

Je crois donc qu'on ne peut se dispenser d'avoir égard aux distinctions clairement énoncées par ces auteurs, dans les mesures qu'ils nous ont transmises.

Or, selon Didyme, la proportion du pied romain au pied ptolémaïque est de $13\frac{1}{3}$ à 16, ou de 5 à 6; et le pied romain étant, comme je l'ai dit (1), de 0^m, 296296, le pied ptolémaïque de cet auteur devoit être de 0^m, 355555 (2).

De plus, la différence du pied romain à la coudée royale étant de 5 à 9, et la différence du pied ptolémaïque à la même

---

(1) *Suprà , pag.* 40.

(2) Le pied ptolémaïque des Alexandrins ne doit pas être confondu avec le pied du même nom que les Cyrénéens employoient depuis long-temps. Ce dernier, selon Hygin, *suprà , pag. 41-42,* étoit au pied romain :: 25 : 24. Celui dont parle Didyme étoit :: 24 : 20.

coudée,

coudée, de 2 à 3, il s'ensuit que cette coudée étoit de 0^m, 533333.
On peut voir, dans le Tableau général, que cette grande coudée
étoit celle de 32 doigts du stade égyptien de 250000 à la
circonférence de la terre (1).

Ici, la grande coudée se trouvant divisée en 24 doigts, ces
doigts deviennent de grands doigts du stade précédent. Seize
de ces doigts formoient le pied ptolémaïque; et il ne paroît pas
que cette combinaison particulière ait jamais été portée plus
loin que la coudée.

Voici donc la valeur de chacune de ces mesures :

ÉVALUATION DES MESURES INDIQUÉES
PAR DIDYME D'ALEXANDRIE.

Mètr.

DOIGT.. 0,022222.
    C'est le grand doigt du stade de 250000.
PALME, = 4 doigts.................................. 0,088889.
PIED ROMAIN, = 13 doigts $\frac{1}{3}$, ou 3 palmes $\frac{1}{3}$............... 0,296296.
    C'est le pied du stade de 225000, et le pied du mille romain.
PIED PTOLÉMAÏQUE, = 16 doigts, ou 4 palmes............ 0,355555.
COUDEE ROYALE, = 24 doigts, ou 1 $\frac{4}{5}$ pied rom., ou 1 $\frac{1}{2}$ pied ptolém... 0,533333.
    C'est la grande coudée de 32 doigts du stade de 250000.

Le pied ptolémaïque de 0^m, 355555 : à la coudée royale de 0^m, 533333 :: 2 : 3.
Le pied romain..... de 0 , 296296 : à la coudée royale de 0 , 533333 :: 5 : 9.

100 coudées royales de 0^m, 533333   }
180 pieds romains.. de 0 , 296296   } = 53^m, 333333.

---

(1) Selon M. Girard, *page 44*, la coudée *moyenne* conclue de la mesure des 8 coudées inférieures du nilomètre de Roudah, est de 0^m,54315; et la coudée *moyenne* des 8 coudées supérieures, de 0^m,53937. Il me semble qu'on doit reconnoître, dans ces coudées inégales, des copies altérées de la coudée royale des Alexandrins, dont parle Didyme, et que les Arabes ont inconsidérément prolongée de 6 à 10 millimètres.

I

DE LA COUDÉE D'ÉLÉPHANTINE.

J'AI ANNONCÉ que le système du stade de 252000 et celui du stade de 216000 avoient été simultanément en usage dans l'Égypte (1) ; les divisions de la coudée du nilomètre d'Éléphantine, construit sous les Ptolémées, m'en offrent la preuve.

M. Girard a mesuré six de ces coudées : il a évalué la longueur *moyenne* de chacune à 527 millimètres, et les trouvant divisées en quatorze parties, qu'il suppose des demi-palmes égyptiens, il en a conclu que ces coudées se partageoient en sept palmes (2).

Mais l'antiquité n'a point connu de coudée de sept palmes. Les auteurs donnent six palmes ou 24 doigts à la petite coudée, et huit palmes ou 32 doigts à la grande. Ainsi les divisions inusitées des coudées d'Éléphantine doivent avoir eu un objet particulier : c'est, je crois, celui de faire connoître en même temps, lors des crues du Nil, la hauteur du fleuve en mesures égyptiennes prises du stade de 252000, et sa hauteur en mesures grecques prises du stade olympique de 216000.

Dans mon Tableau général, la coudée de 32 doigts du stade de 252000 est de 529 millimètres, ou seulement de deux millimètres plus grande que celle d'Éléphantine, et cette différence est nulle pour l'objet dont il est question. Ainsi les coudées mesurées par M. Girard sont bien des coudées égyptiennes de huit palmes (3) ; et il est visible que les quatorze parties dans

---

(1) *Suprà, pag. 61.*

(2) Girard, *Mémoire sur le nilomètre de l'île d'Éléphantine, pag. 7, 12 et suiv.*

(3) *Suprà, pag. 26, 27.* — Cette coudée de 32 doigts du stade de 252000 différoit seulement de 0^m,004232 de la coudée de 32 doigts du stade de 250000 dont il a été question dans l'article de Didyme ; et il paroît, d'après ce que j'ai dit *pag. 51*, que l'on employoit indifféremment, et que l'on confondoit même, pour les petites mesures usuelles, les subdivisions de ces deux systèmes.

lesquelles elles se trouvent divisées, ne peuvent pas être des demi-palmes égyptiens : elles doivent, comme on va le voir, appartenir au stade de 216000.

En effet, pour que ce nilomètre pût remplir le double objet que je viens d'indiquer, il a fallu, après avoir tracé dans toute sa longueur la grande coudée égyptienne de huit palmes, la diviser en palmes grecs. Mais, comme les six palmes de la coudée grecque ordinaire ne répondoient qu'aux sept huitièmes, c'est-à-dire à sept palmes de la coudée égyptienne, le surplus de la longueur de cette dernière coudée, à quatre ou cinq lignes près, égal à chacun des six palmes grecs précédens, est ce qu'on a pris par mégarde pour un septième palme de la coudée égyptienne, tandis qu'il en étoit juste le huitième; et l'on voit comment la longueur de cette coudée a pu se prêter à être divisée en quatorze condyles ou demi-palmes olympiques presque égaux.

Ceci deviendra plus sensible et plus exact par l'exemple suivant, qui donnera d'ailleurs une méthode très-simple pour convertir les mesures égyptiennes en mesures grecques, et réciproquement celles-ci en mesures égyptiennes.

> D'après le Tableau général, la coudée égyptienne de 32 doigts ou de 8 palmes du stade de 252000, étant de . . . . 0^m,529101.
>
> Si l'on ôte un palme de la même coudée, ou . . . . 0 ,066138.
>
> Il reste la coudée grecque de 24 doigts, ou de 6 palmes du stade de 216000 . . . . 0 ,462963.

Ou, si l'on veut,

> La coudée grecque de 24 doigts, ou de 6 palmes du stade de 216000, étant de . . . . 0^m,462963.
>
> Si l'on ajoute un palme égyptien du stade de 252000 . . . . 0 ,066138.
>
> On a la coudée égyptienne de 32 doigts, ou de 8 palmes du stade de 252000 . . . . 0 ,529101.

Mais il faut observer qu'en ôtant un palme de la coudée égyptienne de huit palmes, ou en ajoutant un palme égyptien à la coudée grecque de six palmes, il n'en résulte pas une coudée de sept palmes proprement dite, mais toujours une coudée de six palmes, ou une coudée de huit palmes, d'un système différent de celui sur lequel on a opéré; d'où il résulte évidemment que les anciens n'ont pas eu de coudée de sept palmes pris dans le système métrique qu'ils adoptoient.

DE LA COMPARAISON DES MESURES ÉGYPTIENNES AVEC LES MESURES BABYLONIENNES.

LES OBSERVATIONS précédentes me conduisent à l'examen d'un passage d'Ézéchiel, sur lequel on s'appuie pour dire que les Hébreux avoient aussi une coudée de sept palmes (1).

C'est lorsque le prophète, en rapportant les mesures du Temple, ajoute qu'elles avoient été prises avec *une canne longue de six coudées, dont chacune étoit d'une coudée et un palme* (2).

J'observerai sur ce passage que, la coudée ordinaire étant de six palmes, si la coudée augmentée d'un palme, dont parle Ézéchiel, avoit été composée de sept palmes égaux, le prophète, pour éviter toute équivoque, auroit dit simplement que la canne dont on s'étoit servi étoit longue *de sept coudées,* c'est-à-dire de 42 palmes, au lieu de 36. S'il a cru devoir s'expliquer autrement, c'est qu'il a voulu faire entendre que les six palmes ajoutés aux 36 autres devoient en être distingués, parce qu'ils n'avoient pas la même longueur, et qu'ils provenoient d'un système métrique différent de celui auquel appartenoient les 36 premiers palmes.

(1) Girard, *Mémoire sur le nilomètre de l'île d'Éléphantine, pag. 12 - 18.*

(2) Ezechiel, *cap. 40, vers. 5; cap. 43, vers. 13.*

Les interprètes conviennent que les expressions d'Ézéchiel indiquent la différence qui existoit entre les mesures égyptiennes et les mesures babyloniennes; et comme ils pensent que les Juifs, dans la construction du Temple, s'étoient servis des mesures égyptiennes prises du stade de 180000, ils ont conclu que les mesures babyloniennes, étant plus courtes d'un sixième, provenoient du stade de 216000. Ce raisonnement est juste dans l'hypothèse qu'ils ont embrassée; en effet,

La coudée égyptienne de 24 doigts ou de 6 palmes du stade de 180000, étant de........................... 0^m, 555555.

Si l'on ôte un palme de la même coudée, ou............ 0 , 092592.

Il restera la coudée babylonienne de 24 doigts ou de 6 palmes du stade de 216000............................ 0 , 462963.

Ou,

Si l'on prend la coudée babylonienne du stade de 216000... 0^m, 462963.
Et qu'on y ajoute un palme du stade de 180000......... 0 , 092592.

On aura la coudée égyptienne du stade de 180000........ 0 , 555555.

Ainsi rien ne s'oppose au mode de réduction que je viens de présenter, puisqu'il s'accorde dans des combinaisons différentes; et l'on voit qu'il n'est pas plus question ici d'une coudée de sept palmes que dans l'exemple rapporté *pag. 67.*

NÉANMOINS toutes les difficultés ne me paroissent pas résolues; et je me permettrai de demander s'il est bien sûr, comme le veulent les interprètes, qu'aux époques dont je parle, les Égyptiens et les Babyloniens se servissent des mesures dont il vient d'être question, et s'il est certain aussi que les Hébreux, après leur sortie de l'Égypte, aient conservé l'usage des mesures de cette contrée.

Ces doutes s'élèvent avec d'autant plus de force, que plusieurs des interprètes conviennent que les dimensions des édifices et des autres objets deviennent colossales, si on les évalue d'après les mesures données par les stades précédens.

Il est donc très-probable que, dans ces temps reculés, les stades secondaires n'avoient encore été introduits, ni dans l'Égypte, ni dans la Babylonie, et qu'il faut employer ici des mesures prises parmi les stades primitifs que la tradition annonce avoir été en usage dans ces contrées.

Chez les Égyptiens, Hermès passoit pour avoir divisé le périmètre de la terre en 360000 stades (1).

Et l'on a vu (2) que les opérations faites par les anciens, pour déterminer l'emplacement des principaux lieux de la terre, dans le sens des longitudes, sous le 36.ᵉ parallèle, opérations qu'on ne peut guère attribuer qu'aux Babyloniens ou plutôt aux Chaldéens leurs prédécesseurs, avoient été combinées en stades de 300000.

C'est donc dans les subdivisions de ces stades qu'il convient de chercher et qu'on peut espérer de trouver les mesures qui doivent être appliquées aux objets dont je vais parler.

Il faut observer d'abord que rien ne constate qu'après leur sortie de l'Égypte, les Juifs aient conservé l'usage exclusif des mesures employées dans ce pays. Au contraire, dès qu'ils eurent secoué le joug des Égyptiens, on voit Moyse rappeler, parmi les institutions qu'il donne aux Hébreux, les élémens d'un système métrique différent de celui auquel la plus grande partie de ce peuple avoit

____

(1) *Suprà, pag. 3, not. 3.*　　　　(2) *Suprà, pag. 23.*

pu s'accoutumer pendant la durée de son esclavage, mais que, selon toute apparence, les anciens, les chefs de la nation, n'avoient jamais adopté. C'est du moins le sens que me paroît présenter l'expression de *Poids du Sanctuaire*, si souvent répétée dans l'Exode, le Lévitique, les Nombres (1), puisque la distinction des poids eût été inutile, si les Hébreux, à l'époque dont je parle, n'avoient connu qu'un seul système métrique. On sait d'ailleurs que, dans les métrologies anciennes ou modernes, le système des poids, comme celui des mesures de capacité, dérivent des mesures de longueur.

Ces mesures *du Sanctuaire* ne pouvoient être que des mesures consacrées par l'ancienneté de leur usage, et les premières dont les Juifs s'étoient servis. On voit, dans leurs livres, qu'avant de se fixer en Égypte, ils avoient erré pendant plus de quatre siècles dans la Mésopotamie, la Syrie, la Palestine, où les mesures babyloniennes étoient nécessairement établies : ainsi ils les avoient employées durant ce long intervalle de temps. Lorsqu'ensuite ils trouvèrent d'autres mesures en Égypte, elles durent leur paroître *nouvelles*; celles de la Babylonie devinrent pour eux d'*anciennes* mesures : et c'est sous cette acception, je crois, qu'il faut entendre le passage des Paralipomènes où il est dit que les dimensions du Temple avoient été données selon l'ancienne mesure (2).

Il est donc aussi question de mesures babyloniennes dans le passage d'Ézéchiel, puisque ce prophète n'a fait que répéter celles de l'ancien Temple; et comme ces mesures se trouvoient plus grandes d'un sixième que celles de l'Égypte, il s'ensuit qu'elles

(1) Exod. *cap. 30; vers. 24.* — Levit. *cap. 5, vers. 15; cap. 27, vers. 3, 25.* — Numer. *cap. 3, vers. 47, 50; cap. 7, vers. 13, 19, 25, 31, 37, 43, 49, 55, 61, 67, 73, 79, 85, 86; cap. 18, vers. 16.*

(2) Paralipom. *II, cap. 3, vers. 3.*

appartenoient au premier système babylonien, c'est-à-dire au stade
de 300000, et que c'est avec le petit stade égyptien de 360000
qu'elles doivent être comparées.

> Alors, en employant la méthode que j'ai donnée, et en pre-
> nant, dans le Tableau général, la coudée de 24 doigts du
> stade de 360000.. 0^m, 277778.
> Si l'on y ajoute un palme du stade de 300000............ 0 , 055555.
> ___________
> On aura l'ancienne coudée babylonienne du stade de 300000.. 0 , 333333.
> ___________
> qui sera en même temps la coudée *du Sanctuaire*, la coudée *légale* des
> Juifs.

Cette évaluation me semble justifiée par les rapprochemens suivans.

Le mille hébraïque, ou le chemin Sabbatique, c'est-à-dire
l'espace que l'usage permettoit aux Juifs de parcourir les jours
de sabbat, étoit, selon les rabbins, de deux mille coudées lé-
gales (1), et seroit, d'après l'évaluation précédente, de 666
mètres $\frac{2}{3}$.

Selon Saint Épiphane, né en Palestine, le chemin Sabbatique
étoit de six stades (2).

En parlant des mesures transmises par cet auteur (3), j'ai fait
voir que, de son temps, on employoit deux stades différens en
Syrie, celui de 252000 et celui de 270000; mais que le mille
itinéraire de dix stades de 360000, ou de 1111^m, 111, s'y étoit
maintenu malgré les changemens qu'avoient éprouvés les autres
mesures. Il est donc très-vraisemblable que ce mille, ou le stade
dont il se composoit, avoit continué d'être la mesure la plus

____

(1) Reland. *Palæstin. tom. I, lib. II,*
cap. 1, pag. 397.
(2) S. Epiphan. *Advers. hæres. LXVI,*

ſ. 82, tom. I, pag. 702, C. edit. Petav.
(3) *Suprà, pag. 46, 47.*

habituelle

habituelle du peuple, et que c'est avec le stade de 111^m,111 que Saint Épiphane compare le chemin Sabbatique. Or six de ces stades valent précisément 666 mètres $\frac{2}{3}$, que donnent les deux mille coudées de 333 millimètres $\frac{1}{3}$ du stade de 300000 ; et cet espace, à très-peu près égal à la longueur du jardin des Tuileries, doit paroître suffisant pour une promenade qui n'étoit que tolérée, puisque la loi défendoit aux Juifs de sortir du lieu où ils se trouvoient le jour du Sabbat (1).

PRENONS un autre exemple.

Parmi les objets destinés au culte des Juifs, il en est dont la mesure est donnée. On trouve, dans l'Exode (2) et dans Ézéchiel (3), que l'autel des holocaustes et l'autel des parfums avoient trois coudées de hauteur. Ces autels sont distingués de ceux où l'on montoit par des degrés ; ainsi ils étoient placés immédiatement sur le pavé du Temple.

Or, s'il étoit question, comme on le croit communément, de la coudée égyptienne du stade de 180000, ces autels auroient eu un mètre et deux tiers, ou cinq pieds un pouce et demi, de haut ; ils auroient égalé la taille ordinaire des hommes, et n'auroient pu servir.

Si on les suppose de trois coudées babyloniennes du stade de 216000, ces autels auroient eu plus d'un mètre et un tiers, ou quatre pieds trois pouces et un quart, et se seroient encore trouvés trop élevés.

Mais, si l'on y emploie l'ancienne coudée babylonienne du stade de 300000, celle de 333 millimètres $\frac{1}{3}$, dont je viens de parler, on aura un mètre, ou trois pieds onze lignes ; et cette hauteur, qui est celle de nos autels modernes, est la seule convenable.

---

(1) Exod. *cap. 16, vers. 29.*
(2) Exod. *cap. 38, vers. 1.*

(3) Ezech. *cap. 41, vers. 22.*

K

Je retrouve les proportions des deux anciennes coudées babylonienne et égyptienne dans Hérodote, lorsque, parlant de Babylone, il dit : *La coudée de roi est de trois doigts plus grande que la coudée moyenne* (1). J'observerai seulement qu'il est ici question du grand doigt dont j'ai fait connoître l'origine (2), et que trois de ces doigts formoient le palme.

Maintenant, si l'on prend pour la coudée *royale* celle du stade babylonien de 300000, le plus grand des trois stades primitifs, et les doigts pour de *grands doigts* du même stade, on aura,

Pour la coudée royale. . . . . 0^m, 333333.
Otez trois grands doigts ou un palme de cette coudée. . . . . . . 0 , 055555.

Il restera pour la coudée *moyenne*. . . . . 0 , 277778.

Et cette dernière coudée est encore celle du petit stade égyptien indiqué par Ézéchiel (3) ; de sorte que les deux exemples, quoique pris en sens inverse, se confirment réciproquement.

Si au contraire on vouloit chercher, parmi les stades secondaires, les proportions données par Hérodote, on seroit forcé de prendre,

Pour la coudée *moyenne*, celle du stade de 216000. . . . . 0^m, 462963.
D'y ajouter trois grands doigts du stade de 180000. . . . . 0 , 092592.

Et l'on auroit pour la coudée *royale*. . . . . 0 , 555555.

Mais, dans cette hypothèse, la coudée royale de Babylone deviendroit la coudée du grand stade égyptien de 180000 ; et

(1) Herodot. *lib. I, ſ. 178, pag. 84.* — Traduction de M. Larcher, *tom. I, pag. 143.*

(2) *Suprà, pag. 13, 14.*

(3) *Suprà, pag. 72.*

ce résultat seroit hors de toute vraisemblance, puisqu'il faudroit supposer gratuitement que les Babyloniens avoient abandonné leur système métrique pour prendre celui des Égyptiens.

Il paroît donc qu'au temps de Moyse, d'Ézéchiel, d'Hérodote, peut-être même dans des époques moins reculées, le système métrique des Babyloniens étoit établi sur leur petit stade de 300000, et non sur leur grand stade de 216000.

Voici d'autres rapprochemens qui fortifient cette opinion.

Selon Ctésias (1) et selon Hérodote (2), les murs de Babylone avoient cinquante orgyies, ou deux cents coudées royales, de hauteur. En évaluant ces mesures d'après le grand stade babylonien, elles vaudroient plus de 92 mètres $\frac{1}{2}$, ou 285 $\frac{1}{2}$ de nos pieds de roi. Mais, quoique la seule idée d'admettre des murs de ville plus hauts de 80 pieds que les tours de la cathédrale de Paris n'ait pas effrayé le savant Fréret (3), il me semble que de pareilles murailles, du haut desquelles les assiégeans eussent à peine été aperçus, et d'où il auroit été si difficile de les atteindre, sont de pures illusions. Aussi Diodore de Sicile (4) rapporte-t-il que des écrivains postérieurs à Ctésias bornoient la hauteur de ces murs à cinquante coudées, et c'est l'opinion suivie par Strabon (5). Or cinquante coudées du grand stade babylonien vaudroient environ 23 mètres, ou 71 de nos pieds; et cinquante coudées du petit stade égaleroient 16 mètres $\frac{2}{3}$, ou 51 pieds 3 pouces.

Mais, puisqu'il est impossible de ne pas reconnoître, dans

---

(1) Ctesias, *apud* Diodor. Sicul. *lib. II, §. 7, pag. 120.*

(2) Herodot. *lib. I, §. 178, pag. 84.*

(3) Fréret, *Essai sur les mesures longues des anciens.* Mémoires de l'Académie des Inscriptions, *tom. XXIV, pag. 523.*

(4) Diodor. Sicul. *tom. I, lib. II, §. 7, pag. 120.*

(5) Strab. *lib. XVI, pag. 738.*

la grande dissemblance des mesures précédentes et de celles qui ont été rapprochées ailleurs (1), au moins une méprise de nomenclature, on peut, sans crainte de se tromper, prendre pour des palmes les 200 coudées d'Hérodote, ou les 200 pieds que Pline leur substitue (2); et pour des coudées, comme le disent Diodore et Strabon, les 50 orgyies de Ctésias. Alors on trouvera que 200 palmes du grand stade babylonien représente-roient 15 mètres $\frac{1}{2}$; que 50 coudées du petit stade vaudroient 16 mètres $\frac{2}{3}$, comme je l'ai dit; et toutes ces mesures, si dis-proportionnées au premier aspect, ne différeroient plus que d'environ un mètre, ou de trois pieds et demi.

Quant à la hauteur à laquelle je réduis les murs de Babylone, comme elle surpasse encore celle des remparts de nos principales villes de guerre, en y comprenant même la profondeur des fos-sés (3), elle paroîtra sans doute suffisante pour justifier la célé-brité que ces murs ont eue chez les anciens.

(1) Traduction française de Strabon, tom. *V, pag. 162, not. 1.*
(2) Plin. *lib. VI, cap. 30.*

(3) Le Blond, *Élémens de fortification, pag. 3, 12.*

TROISIÈME PARTIE.

DES MESURES ARABES, INDIENNES, CHINOISES, &c.

Les mesures employées par les géographes arabes dans la description d'un grand nombre de contrées qui nous sont encore peu connues, présentent trop d'intérêt pour qu'il ne soit pas utile de chercher à découvrir la valeur de ces mesures par des moyens plus exacts que ceux dont on s'est servi jusqu'à présent.

En trouvant chez ces peuples l'usage du doigt, du palme, de la coudée, du mille, de la parasange, on ne peut douter que leurs systèmes métriques n'aient été puisés dans les mêmes sources que ceux des Grecs ; et, sous cet aspect, les mesures des Arabes du moyen âge, c'est-à-dire des Écoles de Bagdad et de Samarkand, appartiennent encore à l'antiquité, et doivent se rattacher aux systèmes précédens. Mais quelques changemens introduits dans les subdivisions de ces mesures ont fait méconnoître leur origine immédiate ; et une nouvelle évaluation du degré terrestre, proposée par des astronomes arabes, a contribué encore à jeter de l'obscurité sur la valeur des mesures dont ils parlent.

On voit, dans les auteurs arabes, que le khalife Al-Mamoun, qui régnoit à Bagdad au commencement du neuvième siècle de l'ère chrétienne, ordonna de mesurer plusieurs degrés de la terre sous différens méridiens, et que ses astronomes se divisèrent en plusieurs bandes pour exécuter ses ordres.

Les uns, selon Ebn Iounis (1), se rendirent entre Wamia et Tadmor, ou, suivant Mésoudi (2), entre Racca et Tadmor ; ils y mesurèrent séparément deux degrés, et trouvèrent à chacun 57 milles. Les autres se portèrent dans les plaines de Sinjar, où le degré fut trouvé de 56 milles $\frac{1}{4}$; mais, selon Abulféda (3), on mesura, dans les plaines de Sinjar, deux degrés contigus du nord au midi : on trouva l'un de 56 milles, l'autre de 56 $\frac{1}{3}$; on adopta la plus forte estimation, et la circonférence de la terre fut évaluée à 20400 milles (4).

Voilà donc, d'après ces différens auteurs, quatre mesures qui donnoient au degré du méridien 56, 56 $\frac{1}{4}$, 56 $\frac{2}{3}$, ou 57 milles, composés chacun de 4000 coudées *noires* adoptées par Al-Mamoun (5) ; et l'on ne peut juger quelle est la mesure la plus exacte, qu'après avoir reconnu la valeur de la coudée dont ces milles se composoient. En cherchant cette valeur d'après la méthode que j'ai suivie dans mes deux Mémoires, je trouve que

Le mille de 56 au degré seroit de . . . . } $1984^m, {}_{126984}$, { et sa 4000.ᵉ partie, ou la coudée, de } $0^m, {}_{496032}$.

Le mille de 56 $\frac{1}{4}$, de. . . $1975 , {}_{308642}$ . . . . $0 , {}_{493827}$.

Le mille de 56 $\frac{2}{3}$, de. . . $1960 , {}_{784314}$ . . . . $0 , {}_{490196}$.

Le mille de 57, de. . . . $1949 , {}_{317739}$ . . . . $0 , {}_{487329}$.

Quoique ces mesures, prises isolément, semblent réclamer la même confiance, si cependant l'une des quatre coudées qu'elles produisent se trouvoit égale à une autre coudée déjà connue pour être exacte, ne seroit-on pas autorisé à considérer la

(1) Ebn Iounis, *Notices des manuscrits du Roi, tom. VII, pag. 94-96.*

(2) Mésoudi, *Notices des manuscrits du Roi, tom. I, pag. 51, 52.*

(3) Abulfeda, *Prolegomen. ad Geograph.* in Busching *Magazin, tom. IV, pag. 136.*

(4) Alfergani, *Element. astronom. pag. 31.*

(5) Ebn Iounis, *Notic. des M.ᵗˢ du Roi, tom. VII, pag. 96.* — Alfergani, *Element. astronom. pag. 30.*

coudée *noire* des Arabes comme une simple copie d'une coudée plus ancienne !

Or, la coudée du mille de $56\frac{1}{4}$ au degré étant de $0^m,493827$, et rigoureusement égale à la coudée de 32 doigts du stade de 270000 (1), on doit en inférer que cette ancienne coudée est celle qu'Al-Mamoun avoit choisie pour établir le système métrique de ses états, et qu'il fit employer ensuite dans la mesure de la terre.

Il seroit sans doute difficile de se persuader que les moyens employés par les astronomes arabes aient pu les amener à une semblable précision : mais on peut croire qu'ils auront arrangé les résultats de leurs opérations de manière à s'approcher le plus près possible du rapport qui étoit supposé exister entre la grande coudée du stade de 270000 et les degrés qu'ils avoient à mesurer; et l'on ne doit attribuer le choix qu'ils ont fait du mille de $56\frac{2}{3}$ au lieu de celui de $56\frac{1}{4}$, qu'à l'incertitude où ils étoient eux-mêmes sur la longueur positive de la coudée dont il est question.

Les changemens qu'entraînoit cette méprise, produisirent le nouveau système adopté par Al-Mamoun. Les mesures correspondantes aux subdivisions du stade de 270000, telles que le doigt, le palme, la grande coudée, y furent réduites d'un cent trente-sixième; et le mille ordinaire de 4000 coudées de 24 doigts y fut remplacé par un mille composé de 4000 coudées de 32 des nouveaux doigts.

UN PASSAGE d'un auteur arabe cité par Golius sembleroit donner aussi un moyen pour évaluer la coudée noire, et il fait connoître en même temps le système des mesures employées par les Perses, dans le septième siècle de l'ère chrétienne. Mais

____

(1) *Voyez* le Tableau général, colonne VII.

ce passage renferme une méprise qu'on ne paroît pas avoir aperçue, et qu'il importe de signaler, pour éviter à l'avenir les erreurs qu'elle a fait commettre.

Après avoir dit que la coudée hachémique portoit aussi le nom de coudée royale, parce qu'elle avoit été établie d'abord par les rois de Perse, et adoptée ensuite par les khalifes hachémides, l'auteur ajoute (1) :

> La coudée hachémique vaut 1 $\frac{1}{3}$ coudée commune.
>
> La coudée commune contient 6 palmes, et le palme 4 doigts : ainsi cette coudée est composée de 24 doigts. Le doigt vaut 6 grains d'orge, et le grain d'orge, 6 crins de cheval.
>
> De sorte que la coudée hachémique est de 8 palmes, ou de 32 doigts.
>
> Quant à la coudée *noire* dont on se sert à Bagdad pour mesurer les étoffes de lin et les autres marchandises précieuses, elle fut établie par Al-Mamoun, d'après la coudée de l'un de ses esclaves nègres qui se trouvoit avoir l'avant-bras plus long que tous les autres ; elle contient 6 palmes et 3 doigts, c'est-à-dire 27 doigts.
>
> La canne ou perche, appelée *Bab*, est de 6 coudées hachémiques (2), qui valent 8 coudées communes, ou 7 coudées noires et $\frac{1}{7}$.
>
> La chaîne ou le cordeau, mesure dont on se servoit au temps des Perses, étoit de 60 coudées hachémiques.

Sans s'arrêter à l'origine fabuleuse donnée à la coudée noire, on voit qu'au temps d'Al-Mamoun, et après lui, on a employé, dans ses états, trois coudées dont les longueurs étoient entre elles comme les nombres 32, 27 et 24.

Dans mon Tableau général, la proportion de 32 à 27 n'existe

(1) Anonym. *apud* Golium, *Notæ in Al-*fergan. *pag. 74, 75.*

(2) Dans la traduction latine il y a *VII coudées* : c'est une faute d'impression, le texte arabe porte *six coudées*. Fréret, ne s'é-tant pas aperçu de cette faute, a créé une seconde coudée hachémique, qui n'a point existé. *Mémoires de l'Académie des Inscriptions, tom. XXIV, pag. 539.*

qu'entre

qu'entre la grande coudée du stade de 270000 et la petite coudée du stade de 240000; d'où il sembleroit que

La coudée hachémique devoit être celle de 32 doigts du stade de 270000, et valoir. . . . . 0^m, 493827.

La coudée commune, celle de 24 doigts du même stade, ou de 0 , 370370.

Et la coudée noire, celle de 24 doigts du stade de 240000, qui valent 27 doigts du stade de 270000, ou. . . . . 0 , 416667.

Mais, dans cette hypothèse, la coudée noire, multipliée 4000 fois, donneroit un mille itinéraire de 1666^m, 667, qui se trouveroit compris 66 fois $\frac{2}{3}$ dans le degré, au lieu de 56 fois $\frac{2}{3}$, comme le vouloient les astronomes d'Al-Mamoun; et une erreur d'environ un cinquième ne peut pas leur être imputée.

Il est donc visible que l'auteur cité par Golius a confondu la coudée noire avec la petite coudée du stade de 240000 (1).

Peut-être, de son temps, l'exacte proportion de la coudée hachémique à la coudée noire n'étoit-elle plus connue à Bagdad; peut-être encore, pour simplifier les opérations, étoit-on convenu de négliger la fraction de $\frac{1}{81}$ dans le rapport de ces coudées (2). Je pense donc que, pour retrouver leur vraie longueur, il faut

(1) Plusieurs écrivains arabes ont commis la même erreur. Il y a plus : Abulféda, Mésoudi, Ebn al-Ouardi, et d'autres, disent que Ptolémée, dans son Almageste, a donné à la circonférence de la terre 24000 milles, ou 66 milles $\frac{2}{3}$ au degré, quoiqu'on ne trouve rien de semblable dans les ouvrages de cet ancien, qui a constamment employé le stade de 180000 au périmètre du globe, ou de 500 au degré, et dont le mille itinéraire ne pouvoit être que de 50 au degré. .

Vers le temps où les Arabes ont commencé à cultiver les sciences et à consulter les ouvrages des Grecs, les Syriens se servoient d'un mille composé de 7 stades $\frac{1}{2}$ (supra , pag. 47 , 53) : c'est probablement ce qui aura fait croire aux Arabes que, pour convertir en milles itinéraires les 180000 stades de Ptolémée, il suffisoit de les diviser par 7 $\frac{1}{2}$; et ils en ont conclu que, dans son opinion, la circonférence de la terre devoit être de 24000 milles, et chaque degré de 66 $\frac{2}{3}$.

C'est la troisième fois qu'il est question, dans ce Mémoire, du mille de 7 stades $\frac{1}{2}$. J'ai exposé à chaque article les raisons qui ont déterminé les différentes valeurs que j'attribue à ces milles et à ces stades.

(2) Cette fraction négligée fait que la canne ou perche hachémique, appelée *Bab*, est fixée, par l'auteur anonyme, à 7 $\frac{1}{2}$ coudées noires, tandis qu'elle devoit en contenir 7 $\frac{4}{7}$.

L

en fixer la proportion de 32 à 26 $\frac{2}{3}$, c'est-à-dire de 6 à 5, qui est la différence du stade de 225000 au stade de 270000.

> Alors la coudée hachémique sera celle de 32 doigts du stade de 225000, et vaudra.................................. 0^m,592593.
> La coudée commune, celle de 24 doigts du même stade, ou de 0 ,444444.
> La coudée noire, celle de 32 doigts du stade de 270000, ou de 26 doigts $\frac{2}{3}$ du stade de 225000, qui valent........... 0 ,493827.

Et cette dernière coudée, multipliée 4000 fois, donnera, comme on l'a vu *pag. 78,* le mille de 1975^m,308642, contenu 56 fois $\frac{1}{4}$ dans le degré d'un grand cercle de la terre.

On peut donc, d'après ces bases, rétablir de la manière suivante le système métrique dont les Perses se servoient immédiatement avant la domination des Arabes, et celui qu'Al-Mamoun y avoit substitué :

SYSTÈME MÉTRIQUE DES PERSES ET DES ARABES,
D'APRÈS LA COUDÉE ROYALE OU HACHÉMIQUE.

	Mètr.
CRIN de la queue d'un cheval...	0, 000514.
GRAIN D'ORGE, = 6 crins...	0, 003086.
DOIGT, = 6 grains d'orge..	0, 018518.
C'est le doigt du stade de 225000.	
PALME, = 4 doigts..	0, 074074.
C'est le palme du stade de 225000.	
COUDÉE COMMUNE, = 24 doigts, ou 6 palmes.......................	0, 444444.
C'est la petite coudée du stade de 225000.	
COUDÉE ROYALE ou HACHÉMIQUE, = 32 doigts, ou 1 $\frac{1}{3}$ coudée commune..	0, 592593.
C'est la grande coudée du stade de 225000.	
CANNE ou PERCHE, = 6 coudées hachém., ou 8 coud. comm., ou 7 $\frac{1}{5}$ coud. noires.	3, 555555.
C'est le dixième de la longueur de l'actus des Romains.	
CHAÎNE ou CORDEAU, = 60 coudées hachémiques.....................	35, 555555.
C'est la longueur de l'actus des Romains.	
(MILLE, = 3000 coudées hachémiques)...............................	1777, 777778.
C'est le mille de dix stades de 225000, ou le dolique syrien.	
(PARASANGE, = 3 milles)..	5333, 333333.
C'est la parasange de 30 stades de 225000.	

Voici maintenant l'évaluation des mesures attribuées à Al-Mamoun, et celle des mêmes mesures ramenées à leurs valeurs réelles :

SYSTÈME MÉTRIQUE ARABE, ÉTABLI SUR LE MILLE DE 56 $\frac{2}{3}$ AU DEGRÉ.		*SYSTÈME MÉTRIQUE ARABE RECTIFIÉ,* ÉTABLI SUR LE MILLE DE 56 $\frac{1}{4}$ AU DEGRÉ.	
	Mètr.		Mètr.
Crin de la queue d'un cheval.........	0, 000425.	Crin de la queue d'un cheval.........	0, 000429.
Grain d'orge, = 6 crins...........	0, 002553.	Grain d'orge, = 6 crins...........	0, 002572.
Doigt, = 6 grains d'orge...........	0, 015318.	Doigt, = 6 grains d'orge...........	0, 015432.
		C'est le doigt du stade de 270000.	
Palme, = 4 doigts...............	0, 061274.	Palme, = 4 doigts...............	0, 061728.
		C'est le palme du stade de 270000.	
Coudée noire, = 32 doigts.........	0, 490196.	Coudée noire = $\left\{ \begin{matrix} 26\frac{2}{3} \text{ doigts de } 225000 \\ 32 \text{ doigts de } 270000 \end{matrix} \right\}$	0, 493827.
Mille de 4000 coud. noires, ou de 20400 à la circonférence de la terre.......1960, 784314.		Mille de 4000 coud. noires, ou de 20250 à la circonférence de la terre.......1975, 308642.	
(Parasange de 3 milles)...........5882, 352942.		(Parasange de 3 milles)...........5925, 925926.	
		C'est la parasange de 40 stades de 270000, ou de 4 milles romains. Voyez pag. 36.	

Les réglemens d'Al-Mamoun ne paroissent pas avoir été long-temps exécutés. Les Arabes des divers cantons reprirent leurs anciennes mesures ou en adoptèrent de nouvelles : du moins les écrivains postérieurs qui parlent de la coudée noire, semblent-ils la citer isolément, comme une mesure qui ne se rattachoit plus à celles dont on se servoit de leur temps; et les milles itinéraires, ainsi que les parasanges dont ils établissent la valeur, n'ont plus aucun rapport avec le mille que les astronomes d'Al-Mamoun disoient avoir employé.

Les auteurs arabes qui nous ont transmis des systèmes métriques, commencent ordinairement par une évaluation générale de la circonférence du globe; et c'est encore une preuve de la tradition non interrompue, qui rappeloit le module de toutes les mesures à la valeur du degré terrestre (1). Ils donnent ensuite la série de celles qui, de leur temps, étoient employées dans la contrée qu'ils habitoient; et souvent ils s'inquiètent peu si ces dernières mesures se trouvent composées des mêmes élémens que les premières, ou si elles peuvent s'accorder entre elles : de sorte qu'il est quelquefois difficile de distinguer les mesures qui appartiennent au système qu'ils embrassent, de celles qui lui sont étrangères. En voici un exemple :

ENVIRON un siècle après Al-Mamoun, Mésoudi (2), dans un ouvrage historique et géographique très-estimé des Orientaux, parle de la mesure de la terre entreprise sous ce khalife : il dit que le mille est composé de 4000 coudées noires, et attribue à Ptolémée l'évaluation de la circonférence du globe à 24000 milles (3) ; néanmoins il ajoute :

> La circonférence de l'équateur est de *36 degrés*, ou de 9000 parasanges ;
> Le degré, de 25 parasanges ;
> La parasange, de 12000 *dhéraa* ou coudées ;
> La coudée, de 42 doigts ;
> Le doigt, de 7 grains $\frac{2}{9}$ rangés à côté l'un de l'autre.

Le texte de Mésoudi, consulté par M. de Guignes, est fort altéré. Les 36 degrés donnés au périmètre de la terre sont une erreur évidente de copiste. Les 9000 parasanges divisées par 25 font voir que Mésoudi avoit compté 360 degrés à la circonférence de l'équateur.

La coudée de 42 doigts est inconnue. Il me paroît que l'ordre des chiffres qui composent ce nombre aura été interverti, et qu'au lieu de 42 l'auteur avoit écrit 24, puisque 24 doigts sont la valeur constante de la petite coudée.

(1) *Suprà, pag. 6.*
(2) Mésoudi, *Notices des manuscrits du* Roi, tom. *I*, *pag. 49-53.*
(3) *Suprà, pag. 81, not. 1.*

Il parle aussi d'une coudée de 120 doigts, dont la longueur seroit excessive, puisqu'elle approcheroit de six de nos pieds de roi. Peut-être faut-il lire *120 grains*. On verra, dans l'article d'Ebn al-Ouardi, le grain d'orge valoir $0^m,003086$; si on le multiplie par 120, on aura $0^m,370370$, qui est la coudée du système actuel de Mésoudi. Il se pourroit encore qu'il y eût erreur dans le mot *coudée*, et que les 120 doigts fussent une mesure dont le copiste auroit dénaturé le nom : 120 doigts du système dont il est question, vaudroient $1^m,85185_2$, et représenteroient juste l'orgyie du stade de 216000.

Dans le détail des mesures, le mille de la parasange paroît oublié; car il n'est pas possible de le confondre ni avec le mille de la coudée noire, dont la parasange seroit contenue 6800 fois dans la circonférence de la terre, ni avec le mille compris 24000 fois dans la même circonférence, et dont la parasange ne s'y trouveroit encore que 8000 fois, au lieu de 9000, comme le veut Mésoudi.

De là il résulte que les deux premières mesures qu'il indique n'ont aucun rapport avec celles dont il parle dans la suite, et qu'il les rappelle simplement comme des mesures particulières, étrangères au système qu'il adoptoit. Celui-ci avoit pour base la parasange de 25 au degré, c'est-à-dire le mille contenu 75 fois dans le même espace, et dont la quatre-millième partie étoit la coudée de 24 doigts du stade de 270000. C'est donc précisément l'ancien mille régulier de ce stade, qu'Al-Mamoun cherchoit à remplacer par celui de 4000 coudées de 32 doigts du même stade ; et conséquemment les mesures présentées par l'auteur dont je m'occupe, doivent être évaluées de la manière suivante :

SYSTÈME MÉTRIQUE DES ARABES,
D'APRÈS MÉSOUDI.

	Métr.
GRAIN D'ORGE...	0, 002136.
DOIGT, = 7 grains d'orge $\frac{2}{7}$.............................	0, 015432.
C'est le doigt du stade de 270000.	
COUDÉE ou DHÉRAA, = 24 doigts.......................	0, 370370.
C'est la petite coudée du stade de 270000.	
(MILLE, = 4000 coudées).............................	1481, 481481.
C'est le mille de dix stades de 270000, ou le mille romain.	
PARASANGE de 25 au degré, = 12000 coudées.................	4444, 444444.
C'est la parasange de 30 stades de 270000, ou de 3 milles romains ; c'est la raste des Germains, le double de la lieue gauloise, et notre lieue de 25 au degré.	

ON TROUVE dans l'Édrisi (1) un système à très-peu près semblable au précédent, lorsqu'il donne,

> A la circonférence de la terre, 360 degrés ;
> Au degré, 25 lieues ;
> A la lieue, 12000 coudées ;
> A la coudée, 24 doigts ;
> Au doigt, 6 grains d'orge ;
> De sorte que la circonférence de la terre, ajoute ce géographe, est de 132 millions de coudées, ou de 11000 lieues, selon la supputation des Indiens.
> Hermès a aussi mesuré la circonférence de la terre ; il a donné à chaque degré 100 milles, et au périmètre du globe 36000 milles, ou 12000 lieues.

(1) L'Édrisi, *Geograph. Nubiens. in Prologo, pag.* 2.

Ainsi les quatre premières mesures doivent s'évaluer, savoir :

SYSTÈME MÉTRIQUE DES ARABES, D'APRÈS L'ÉDRISI.

	Mètr.
GRAIN D'ORGE...	0, 002572.
DOIGT, = 6 grains d'orge..................................	0, 015432.
C'est le doigt du stade de 270000.	
COUDÉE, = 24 doigts......................................	0, 370370.
C'est la petite coudée du stade de 270000.	
LIEUE de 25 au degré, = 12000 coudées..................	4444, 444444.
C'est la parasange de 30 stades de 270000, ou de 3 milles romains, &c.	

La seule différence de ce système, comparé à celui de Mésoudi, est dans la valeur du grain d'orge. On remarquera d'ailleurs qu'au temps de l'Édrisi, qui écrivoit en Sicile vers l'an 1150, la parasange syrienne (1) avoit pris, chez les peuples de l'Europe, le nom de lieue.

Ce qu'il rapporte de l'opinion des Indiens n'étant pas trèsclair, je me contenterai de dire que la coudée précédente de 0^m,370370, multipliée 132 millions de fois, et ensuite divisée par 11000, donne également la lieue ou la parasange de 25 au degré. Mais 11000 lieues, divisées par 360, donneroient, pour chaque degré, 30 lieues $\frac{5}{9}$.

Quant à la mesure attribuée à Hermès, c'est-à-dire aux Égyptiens (2), on voit que, dans cette évaluation, les milles étoient

(1) *Suprà, pag. 47, 86..*   (2) *Suprà, pag. 3, not. 3; pag. 70.*

de 111,1^m, 111, ou de dix stades de 360000; les lieues, de 3333^m, 333; et que ces lieues, comprises 12000 fois dans le périmètre de la terre, étoient des parasanges de trente de ces mêmes stades, ou de trois de ces mêmes milles.

———

Deux siècles après l'Édrisi, le système métrique des Arabes de la Syrie se trouvoit établi sur le stade de 240000; mais ils ne s'accordoient pas tous sur la coudée de ce stade qu'ils devoient préférer. Les uns employoient la petite coudée de 24 doigts, les autres la grande coudée de 32 doigts; et il paroît que l'emploi simultané de ces deux mesures jetoit quelque embarras dans les opérations du commerce. Des auteurs s'attachèrent à faire voir que la différence existoit seulement dans l'expression de la valeur des coudées, et que leurs élémens et leurs multiples ne cessoient pas d'être les mêmes.

« Chez les anciens, dit Abulféda (1), la coudée étoit de » 32 doigts, et le mille de 3000 coudées; chez les modernes, » la coudée est de 24 doigts, et le mille de 4000 coudées. » Mais, quelle que soit la manière dont vous interprétiez ces me- » sures, vous aurez toujours 96000 doigts dans le mille, puisque, » si vous divisez cette somme par 32, vous aurez 3000 cou- » dées, et si vous la divisez par 24, vous aurez 4000 coudées. La » parasange, chez les anciens et chez les modernes, est de trois » milles : si vous la réduisez en coudées, elle sera, chez les pre- » miers, de 9000 coudées; chez les seconds, de 12000 cou- » dées; et c'est absolument la même chose. »

(1) Abulfeda, *in Prolegomen. ad Geograph. apud* Busching *Magazin, tom. IV, pag. 136, 137.*

En

En effet, si l'on donne, comme Abulféda, 24000 milles à la circonférence du globe, et qu'on établisse les mesures dont il parle, sur les deux coudées du stade de 240000, on aura les évaluations suivantes :

POUR LES ANCIENS,		*POUR LES MODERNES.*	
LE DOIGT...............	0^m,017361.	LE DOIGT...............	0^m,017361.
LA COUDÉE de 32 doigts..	0 ,555555.	LA COUDÉE de 24 doigts..	0 ,416667.
LE MILLE, de 3000 coudées,		LE MILLE, de 4000 coudées,	
ou de 96000 doigts....... 1666 ,666667.		ou de 96000 doigts...... 1666 ,666667.	
LA PARASANGE de 3 milles,		LA PARASANGE de 3 milles,	
ou de 9000 coudées..... 5000 ,000000.		ou de 12000 coudées..... 5000 ,000000.	

Et l'on voit que les coudées seules changeoient de valeur, tandis que les autres mesures n'en changeoient point.

On reconnoît de plus que, sous le nom de *modernes,* Abulféda entend ceux qui se servoient de la petite coudée du stade de 240000 ; et comme il suivoit l'opinion des anciens, il a employé la coudée de 32 doigts. Cet usage paroît s'être conservé jusque dans le quinzième siècle, où l'on voit Ali-Koshgi (1) présenter un système métrique conforme à celui d'Abulféda.

Selon ces auteurs, la circonférence de la terre se partage en 360 degrés, et s'évalue à 24000 milles, ou à 8000 parasanges.

Le degré vaut 66 milles $\frac{2}{3}$;
La parasange, 3 milles ;
Le mille, 3000 coudées ;
La coudée, 32 doigts ;
Le doigt, 6 grains d'orge ;
Le grain d'orge, 6 crins de la queue d'un cheval.

---

1) Ali Kushgi, *De terræ magnitudine, &c.* ad calcem operis, *Astronomicæ quædam ex traditione* Shah Cholgii *Persæ, pag. 93.*

M

Et j'en déduis les valeurs qui suivent :

<table>
<tr><td colspan="2" align="center">*SYSTÈME MÉTRIQUE DES ARABES,*
D'APRÈS ABULFÉDA *ET* ALI-KOSHGI.</td></tr>
<tr><td></td><td align="center">Mètr.</td></tr>
<tr><td>CRIN de la queue d'un cheval........................</td><td>0, 000482.</td></tr>
<tr><td>GRAIN D'ORGE, = 6 crins............................</td><td>0, 002893.</td></tr>
<tr><td>DOIGT, = 6 grains d'orge...........................
C'est le doigt du stade de 240000.</td><td>0, 017361.</td></tr>
<tr><td>COUDÉE, selon les modernes, = 24 doigts.............
C'est la petite coudée du stade de 240000.</td><td>0, 416667.</td></tr>
<tr><td>COUDÉE, selon les anciens, = 32 doigts.............
C'est la grande coudée du stade de 240000.</td><td>0, 555555.</td></tr>
<tr><td>MILLE, = 3000 coudées de 32 doigts, ou 4000 coudées de 24 doigts..
C'est le mille de dix stades de 240000.</td><td>1666, 666667.</td></tr>
<tr><td>PARASANGE, = 3 milles.............................
C'est la parasange de 30 stades de 240000.</td><td>5000, 000000.</td></tr>
</table>

LE PLUS IRRÉGULIER des systèmes métriques arabes qui me sont connus, est celui que présente Ebn al-Ouardi (1).

Il cite l'Almageste de Ptolémée pour dire que, selon cet ancien, la circonférence de la terre est de 180000 stades ; l'auteur arabe les évalue à 24000 milles (2), ou à 8000 parasanges, et il ajoute :

La parasange vaut 3 milles ;
Le mille, 3000 coudées royales ;
La coudée, 3 aschbar [spithames];

(1) Ebn al-Ouardi, *Notices des manuscrits du Roi, tom. I, pag. 55.*

(2) *Voyez* la note 1, *pag. 81.*

La spithame (en arabe *schibr*, pluriel *aschbar*), 12 doigts (1);
Le doigt, 5 grains d'orge;
Le grain d'orge, 6 poils de chameau.

Le stade vaut 400 coudées.

Ce système offre des combinaisons qu'on ne trouve dans aucun autre : elles annoncent un mélange de mesures hétérogènes, auxquelles il faut chercher un élément commun dont elles puissent toutes se composer.

Cet élément me paroît être la coudée que l'auteur nomme *royale*, qu'il forme de trois spithames, contre l'usage ordinaire, et sur laquelle on ne trouve d'ailleurs aucun renseignement. Mais si l'on observe,

1.° Qu'après avoir parlé du stade de 180000, il lui donne 400 coudées, ce qui fait reconnoître la petite coudée de ce stade, de. . . . . 0^m, 555555,

2.° Qu'après avoir cité le mille de 24000, il fait le mille itinéraire de 3000 coudées, ce qui montre qu'il désigne la grande coudée du stade de 240000, également de. . . . . 0 , 555555,

3.° Que l'auteur compose sa coudée royale de trois *aschbar*, ou de 36 doigts, et que 36 doigts du stade de 270000 valent aussi. . . . . 0 , 555555,

on jugera sans doute que la coudée qui se prêtoit à ces trois combinaïsons, et qui offroit un moyen simple de comparer entre eux trois systèmes différens, est celle que l'auteur aura distinguée par une épithète particulière. Je crois donc devoir employer cette coudée pour en tirer les valeurs suivantes, et les appliquer aux mesures indiquées par Ebn al-Ouardi.

(1) M. de Guignes traduit le mot *aschbar* par celui de *palmes;* mais le *schibr* étant de 12 doigts, est la *spithame* des Grecs.

SYSTÈME MÉTRIQUE DES ARABES,
D'APRÈS EBN AL-OUARDI.

	Métr.
POIL de chameau	0, 000514.
GRAIN D'ORGE, $=$ 6 poils de chameau	0, 003086.
DOIGT, $=$ 5 grains d'orge	0, 015432.
C'est le doigt du stade de 270000.	
SCHIBR ou SPITHAME, $=$ 12 doigts	0, 185185.
C'est la spithame du stade de 270000.	
COUDÉE ROYALE, $=$ 3 spithames	0, 555555.
C'est la coudée de { *24 doigts du stade de 180000.* / *32 doigts du stade de 240000* / *36 doigts du stade de 270000.* }	
STADE, $=$ 400 coudées	222, 222222.
C'est le stade de 180000 à la circonférence de la terre.	
MILLE, $=$ 3000 coudées royales	1666, 666667.
C'est le mille de dix stades de 240000, ou de 7 stades et demi de 180000.	
PARASANGE, $=$ 3 milles	5000, 000000.
C'est la parasange de 30 stades de 240000.	

SYSTÈMES MÉTRIQUES DES INDIENS.

DANS une contrée aussi vaste que l'Inde, on conçoit que les mesures itinéraires ont dû varier selon les temps et selon les peuples qui dominoient ses différentes parties. Je me bornerai à parler des mesures les plus généralement adoptées.

Celles que les Grecs y trouvèrent établies lors des conquêtes d'Alexandre, étoient exprimées en stades de 400000 à la circonférence de la terre. C'est dans ce module que les marches du conquérant macédonien, celles de sa flotte conduite par

Néarque, et celles de Séleucus Nicàtor, nous ont été transmises par les historiens; et c'est aussi d'après ce module que les premières descriptions de l'Inde et ses dimensions, générales ont été apportées aux Grecs par Mégasthène et par Déimaque (1).

C'est d'après le même stade que, dans le sixième siècle de l'ère chrétienne, les Brachmanes déterminoient, à un degré près, la vraie distance en longitude du méridien de Tana - sérim à celúi de Cadiz (2); et le souvenir de ce stade se retrouve encore aujourd'hui dans leurs livres, où il est dit que la longueur ainsi que la largeur de la terre est de 400000 coss (3).

L'emploi de cette antique mesure paroît avoir continué dans l'Inde jusqu'à l'époque où les conquêtes des Mahométans soumirent les Indiens à de nouvelles lois et à de nouveaux usages. Alors les mesures employées dans la Perse, la Babylonie, la Syrie, l'Égypte, furent portées dans l'Inde, et substituées successivement aux mesures propres à cette contrée.

JE CROIS apercevoir, dans les *Instituts* d'Akbar, les vestiges des premiers essais que l'on fit pour amalgamer les mesures indiennes avec celles des Arabes, quand il est dit que les astronomes hindous donnent à la circonférence de la terre,

5059 jowjuns, 2 coss et 1154 dunds (4);

---

(1) Voyez mes Recherches, *tom. III*, *pag. 173 - 178.*

(2) Cosmas Indicopl. *Topograph. Christian. pag. 137, 138.*—Voy. mes Recherches, *tom. III, p. 274-276.*

(3) Code des lois des Gentoux, *pag. 7.* —Voyez aussi mes Recherches, *pag. 274-276.*

(4) Ayeen Akbery, *tom. II, pag. 346.* --

J'écris les noms de ces mesures, tels que les donne la traduction anglaise de l'Ayeen Akbery. Mais ces noms s'y trouvent tellement altérés, que je crois devoir rappeler ici leur véritable orthographe sanskrite :

Dust, *lisez*	Hasta.
Dund	Danda.
Crouh (Coss)	Krocha.
Jowjun	Yodjana.

et au degré terrestre,

14 jowjuns, 436 dunds, 2 dusts et 4 pouces (1).

Les valeurs relatives de ces mesures sont présentées comme il suit (2) :

8 grains d'orge... = 1 pouce ;
24 pouces....... = 1 dust ou coudée ;
4 dusts......... = 1 dund ;
2000 dunds..... = 1 crouh ou coss ;
4 coss......... = 1 jowjun.

Pour trouver les valeurs réelles de ces mesures, il faut chercher quel peut être le rapport de l'une d'elles avec une mesure analogue, prise dans l'un des anciens systèmes métriques dont j'ai parlé; et le dust, ou la coudée, me paroît propre à servir de module commun.

Or, d'après les proportions précédentes,

5059 jowjuns............. = 161888000 coudées ;
2 coss.................. =   16000 ;
1154 dunds............. =   4616 ;

Circonférence de la terre.... = 161908616 coudées ; et cette somme, divisée par 360, donne pour chaque degré 449746 coudées $\frac{7}{45}$.

Dans l'évaluation particulière du degré,

14 jowjuns... = 10752000 pouces ;
436 dunds.... =   41856 ;
2 dusts...... =   48 ;
4 pouces..... =   4.

TOTAL... = 10793908 pouces, lesquels, divisés par 24, donnent aussi 449746 coudées $\frac{1}{6}$ pour le degré.

<hr>

(1) Ayeen Akbery, *tom. II, pag. 349.*   (2) Ayeen Akbery, *tom. II, pag. 187.*

Maintenant, si l'on divise les 11 myriamètres $\frac{1}{9}$ de la valeur connue du degré terrestre, par 449746, on aura, pour la longueur du dust, ou de la coudée, 0^m, 247053, et pour celle des autres mesures indiquées, les valeurs qui suivent :

	Mètr.
SYSTÈME MÉTRIQUE DES INDIENS, APRÈS L'INVASION DES MAHOMÉTANS.	
GRAIN D'ORGE...	0, 001287.
POUCE, = 8 grains d'orge................................	0, 010294.
DUST, ou COUDÉE, = 24 pouces........................	0, 247053.
DUND, = 4 dusts...	0, 988212.
COSS, ou CROUH, = 2000 dunds.......................	1976, 423491.
C'est, à un mètre près, le mille arabe de 56 un quart au degré.	
JOWJUN, = 4 coss..	7905, 693965.
C'est, à 4 mètres et demi près, la parasange de 4 milles de 56 un quart au degré.	

CE TABLEAU offrant un coss de 1976 mètres, pareil, à un mètre près, au mille arabe de 56 $\frac{1}{4}$ au degré (1), annonce que cette mesure itinéraire avoit été introduite dans l'Inde par les Mahométans, et que les astronomes de cette contrée, chargés d'adapter ce mille au système métrique des Hindous sans trop contrarier leurs habitudes, avoient combiné les subdivisions de ce mille de manière à les faire correspondre le plus près possible à quelques-unes des subdivisions du stade de 400000, dont les Indiens se servoient depuis si long-temps. Ils y parvinrent en substituant à la coudée *noire* d'Al-Mamoun la coudée du stade de 400000, diminuée d'un quatre-vingt-quatrième, c'est-à-dire,

____

(1) *Suprà, pag. 78, 83.*

d'une quantité presque imperceptible dans les usages ordinaires de la vie.

Il est donc très-vraisemblable que le coss le plus généralement employé dans l'Inde, à l'époque de l'arrivée des Mahométans, au treizième et au quatorzième siècle, étoit d'un quatre-vingt-quatrième plus grand que le mille de $56\frac{1}{4}$ au degré, c'est-à-dire qu'il étoit de $55\frac{1}{9}$ au degré ou de 2000 mètres, et que les mesures précédentes, réglées d'après ce module, offroient les valeurs suivantes :

	Mètr.
SYSTÈME MÉTRIQUE DES INDIENS AU XIIIe SIÈCLE, AVANT L'INVASION DES MAHOMÉTANS.	
GRAIN D'ORGE...	0, 001302.
POUCE, = 8 grains d'orge..............................	0, 010417.
C'est le doigt du stade de 400000.	
DUST, ou COUDÉE, = 24 pouces.........................	0, 250000.
C'est la petite coudée du stade de 400000.	
DUND, = 4 dusts......................................	1, 000000.
C'est l'orgyie du stade de 400000.	
COSS, ou CROUH, = 2000 dunds.........................	2000, 000000.
C'est le double mille du stade de 400000.	
JOWJUN, = 4 coss.....................................	8000, 000000.
C'est la double parasange de 4 milles, ou de 40 stades de 400000.	

LE RÈGNE d'Akbar, vers le milieu du seizième siècle, devint célèbre dans l'Inde par les changemens que ce souverain fit dans la division des provinces de son empire et dans toutes les parties de l'administration. Il changea jusqu'aux mesures itinéraires ; et le coss qu'il établit, est encore employé dans quelques parties du Penj-ab. Le capitaine Kirkpatrick a reconnu que

que ce coss est d'environ $31\frac{16}{100}$ au degré [1]; et le major Rennell, dans ses cartes, le fixe à $31\frac{1}{4}$. Cette dernière détermination porte le même coss à $3555^m,555$. Akbar voulut [2] qu'il fût divisé en

    5000 alaiy guz;
    400 bambous, chacun de 12 guz $\frac{1}{2}$;
    100 ténabs, chacun de 50 guz [3].

Dès-lors ces mesures s'évaluent ainsi :

SYSTÈME MÉTRIQUE DES INDIENS, *ÉTABLI PAR* AKBAR.	Mètr.
ALAIY GUZ, $= \frac{1}{5000}$ du coss............................	0,711111.
BAMBOU, $= 12$ guz $\frac{1}{2}$, ou $\frac{1}{400}$ du coss..................... *C'est dix doubles coudées de 24 doigts du stade de 225000.*	8,888889.
TÉNAB, $= 50$ guz, ou 4 bambous, ou $\frac{1}{100}$ du coss............. *C'est le double amma du stade de 225000.*	35,555555.
Coss, $= 31\frac{1}{4}$ au degré................................ *C'est le double mille du stade de 225000.*	3555,555555.

Ces deux derniers systèmes montrent que les Indiens, après avoir abandonné l'usage du stade, ont remplacé cette mesure par celle du double mille itinéraire, de même que d'autres

[1] Rennell, *Descript. historiq. et géograph. de l'Indostan,* tom. *II, pag. 68.* — Carte des pays situés entre la source du Gange et la mer Caspienne.

[2] Ayeen Akbery, *tom. II, pag. 186.*

[3] Ces trois noms de mesures ne sont pas sanskrits, et paroissent avoir été introduits par les Mahométans.

Alaiy guz, *lisez* guèz. Ce mot est persan.

Bambou, est probablement un autre mot persan.

Ténab, paroît être arabe.

N

peuples se servoient du diaule ou du double stade (1). Et quoique les successeurs d'Akbar n'aient pas conservé dans toutes leurs possessions le coss dont il avoit ordonné l'emploi, les exemples suivans font voir qu'on n'a pas cessé jusqu'aujourd'hui de composer cette mesure de deux milles itinéraires, ou du double mille de l'un des systèmes compris dans mon Tableau général.

Le major Rennell dit avoir reconnu sur les lieux, et d'après de nombreux exemples (2), que les coss en usage dans le Malwa, le Carnate et l'Hindoustan, étoient, les uns de 35 au degré, les autres de 37 $\frac{1}{2}$, et d'autres de 40 à 42.

Le coss de 35 au degré est de.................... $3174^m,603174.$
C'est précisément le double mille du stade de 252000.

Le coss du Carnate, de 37 $\frac{1}{2}$ au degré, vaut........... $2962,961963.$
C'est aussi le double mille du stade de 270000.

L'incertitude où l'on est encore sur la vraie valeur du coss de l'Hindoustan, estimé de 40 à 42 au degré, permet de lui chercher une évaluation qui le place dans la même catégorie que les précédens.

En fixant ce coss à 41 $\frac{2}{3}$ au degré, il sera de........... $2666^m,667.$
C'est le double mille du stade de 300000.

Un coss établi par Shah Jéhan, et dont l'usage existe encore dans le haut Penj-ab (3), est évalué, par le capitaine Kirkpatrick, à 29 $\frac{68}{100}$, et, dans les cartes de Rennell, à 29 $\frac{3}{4}$ au degré : il seroit d'environ 3734 mètres.

Si on le suppose légèrement altéré, et qu'on le porte à 30 par degré, il vaudra........................... $3703^m,704.$
C'est le double mille du stade de 216000.

Ainsi les mesures itinéraires des Indiens, du moins celles qui nous

(1) *Suprà, pag. 47, 58.*
(2) Rennell, *Description historique et géo-* graphique de l'Indostan, tom. *I*, pag. 220.
(3) Rennell, tom. *II*, pag. 67, 68.

sont le mieux connues, se trouvent encore aujourd'hui établies sur les bases qui avoient réglé les mesures de toute l'antiquité.

Il en est de même chez les Chinois et les Japonois, quoique leurs mesures aient aussi varié à différentes époques.

Selon le P. Martini (1) et le P. Noël (2), la mesure itinéraire, ou le *Li* le plus généralement employé par les Chinois, est contenu 90000 fois dans la circonférence de la terre, ou 250 fois dans le degré.

La longueur de ce li est donc de 444^m,444; et, d'après mon Tableau général, il représenteroit, ou le diaule du stade de 180000, ou trois stades de 270000. C'est dans les élémens qui composent ce li, qu'il faut chercher auquel de ces stades il doit être rapporté; et l'on va voir que c'est à celui de 270000.

Les divisions et les multiples de ce li, donnés par le P. Martini, sont les mesures suivantes; j'y ajoute leurs valeurs :

SYSTÈME MÉTRIQUE DES CHINOIS, ÉTABLI SUR LE LÌ DE 90000 À LA CIRCONFÉRENCE DE LA TERRE.	Mètr.
Lî, ou GRAIN de mil.	0, 000206.
FÊN, = 10 lî	0, 002058.
THSÚN, ou DOIGT, = 10 fên	0, 020576.
C'est le grand doigt du stade de 270000.	
TCHHĬ, ou COUDÉE, = 10 thsún	0, 205761.
PÓU, ou PAS, = 6 tchhĭ	1, 234568.
C'est le pas double du stade de 270000.	
TCHANG, ou PERCHE, = 10 tchhĭ	2, 057613.
LÌ, = 360 póu	444, 444444.
C'est trois stades de 270000.	
PÔU, = 10 lì	4444, 444444.
C'est la parasange de 30 stades de 270000.	
THSAN, = 8 pôu, ou 80 lì	35555, 555555.
C'est 240 stades, ou 8 parasanges de 30 stades de 270000.	

(1) Martin. Martinii *Novus Atlas sinensis*, *Præfat. pag. 16, 17.*

(2) Noël, *Observationes mathemat. et physicæ in Indiâ et Chinâ factæ*, *pag. 104.*

CE SYSTÈME MÉTRIQUE paroît avoir été introduit dans la Chine par l'empereur Wou-wang, de la dynastie des Tcheou. Ce souverain a commencé à régner l'an 1122 avant l'ère chrétienne, et il est mort en 1115. Antérieurement à cette époque, les mesures chinoises étoient d'un quart plus grandes; et il fallut ensuite 125 lì nouveaux pour représenter 100 lì anciens (1).

La différence des longueurs, étant de 4 à 5, fait connoître que le lì employé avant l'époque de Wou-wang répondoit à 555^m, 555, et qu'il étoit contenu 72000 fois dans le périmètre de la terre, ou 200 fois dans le degré.

Cette ancienne mesure itinéraire n'a pas cessé d'être connue dans la Chine et dans quelques contrées environnantes, quoique le lì de 250 au degré y soit d'un usage plus habituel.

Dans les détails d'un voyage fait en 1712, par un prince mongol, depuis Pékin jusqu'à Tobolsk, les distances données en lì sont évaluées, par le P. Gaubil (2), à 10 lì pour une lieue de 20 au degré, c'est-à-dire en lì de 200 au degré; tandis qu'en publiant le journal des mandarins chinois qui ont été à Lassa, le même auteur prévient que les lì y sont comptés à 250 au degré de l'équateur (3).

Mais il y a plus; lorsque l'empereur Khang-hi fit lever par les Jésuites, au commencement du siècle dernier, la carte de la Chine, il ordonna que toutes les distances seroient comptées en lì de 200 au degré, chaque lì composé de 180 toises ou

---

(1) Le P. Noël *(ubi suprà, pag. 105)* dit, au contraire, que *100 lì modernes valent 125 lì anciens*, et il cite en preuve le grand Dictionnaire *Tching tseu thoung*. C'est une méprise : M. Abel-Rémusat, professeur de chinois au collége royal de France, a bien voulu, à ma prière, consulter les deux éditions de ce dictionnaire qui existent à la Bibliothèque du Roi, et il y a trouvé que

100 lì anciens répondoient à 125 lì modernes. Le texte porte : *Kou-tche, pe lì tang kin pe eul chi ou lì*. La traduction littérale est : *Veteres centum lì conveniunt nunc centum viginti-quinque lì*.

(2) Gaubil, *Observations mathémat. &c.* tom. *I*, pag. 150-165; tom. *II*, pag. 77.

(3) Gaubil, *Observations mathématiques*, tom. *I*, pag. 142.

cannes, et chaque canne de dix des pieds que l'on employoit pour les bâtimens et les ouvrages du palais. Au moyen de ces renseignemens donnés par le P. Régis (1), on trouve, pour ces mesures, les valeurs suivantes :

AUTRE SYSTÈME MÉTRIQUE DES CHINOIS, ÉTABLI SUR LE LÌ DE 72000 À LA CIRCONFÉRENCE DE LA TERRE.	Mètr.
PIED du palais.. *C'est le pied du stade de 216000.*	0, 308642.
PAS, = 6 pieds.. *C'est l'orgyie du stade de 216000.*	1, 851852.
CANNE, = 10 pieds.. *C'est la calame du stade de 216000.*	3, 086420.
Lì, = 180 cannes, ou 300 pas, ou 1800 pieds........................ *C'est trois stades olympiques, ou de 216000.*	555, 555555.

LE P. GAUBIL nous apprend (2) que, vers l'an 721 de l'ère chrétienne, un astronome nommé Y-hang fit faire des observations dans plusieurs villes de la Chine, de la Cochinchine, du Tonkin, &c., et qu'après avoir fait mesurer les distances de ces villes, il conclut que 35 ì lì et 80 pas répondoient sur la terre à un degré de latitude.

Pour apprécier cette évaluation, il faut se rappeler que les Chinois divisoient et divisent encore le cercle en 365 degrés $\frac{1}{4}$: ainsi ce degré est à celui de 360 dans la proportion de 1440 à 1461 ; et sa valeur, comparée à celle de notre degré moyen de 111111^m, 111111, se trouve réduite à 109514^m, 03485.

<hr>

(1) Note du P. Régis, insérée par le P. du Halde dans la préface de sa Description de la Chine, *pag. xliij, xliv.* — Voyez aussi l'Histoire de l'Astronomie chinoise du P. Gaubil, *pag. 77,* et ses Observations &c., *pag. 142.*

(2) *Histoire de l'Astronomie chinoise, pag. 77.*

De plus, à l'époque d'Y-hang, le lì étant de 360 pas, les 351 lì et 80 pas de cet astronome représentent 126440 pas; alors, divisant par cette somme la valeur du degré chinois, on a pour celle du pas o^m, 866134, qui, multipliée par 360, donne, pour le lì déterminé par Y-hang, 311^m, 808240.

Maintenant, si l'on veut savoir quels peuvent être le mérite et l'authenticité de l'opération de cet astronome, il faut diviser la valeur du degré moyen par les 126440 pas qu'il assigne au degré chinois : on aura, pour la valeur du pas dans le degré moyen, o^m, 878765 $\frac{1}{2}$: et ce nombre, multiplié par 360, formera un lì de 316^m, 355580, qui, à un mètre près, se trouve être le diaule du stade de 252000 (1).

Ces rapprochemens n'indiqueroient-ils pas qu'Y-hang, ayant eu connoissance de cette ancienne mesure égyptienne, aura cherché à se l'approprier en l'adaptant au degré chinois par une opération inverse de celle que je viens de présenter !

Les Japonois ont adopté le lì moderne des Chinois de 90000 à la circonférence de la terre (2), ou de 444^m, 444. Kœmpfer et d'autres voyageurs avoient déjà remarqué que le mille itinéraire au Japon étoit de 25 au degré (3). Ce mille vaut donc 4444^m, 444 : c'est la parasange de 30 stades de 270000, et le pôu des Chinois, composé de dix des lì précédens (4).

Les peuples de l'Asie ne sont pas les seuls qui, à travers les siècles et les révolutions, ont su conserver dans leur inté-

---

(1) *Voyez* le Tableau général, col. IX, 2.

(2) Wa Kan tsan tsaï tsou ye, *tom. II,* pag. 1; ou *Description figurée de l'univers [du ciel, de la terre et de l'homme]*, en japonois et en chinois. C'est une Encyclopédie en cent cinq volumes, outre les Tables, et un volume d'introduction.

(3) Kœmpfer, *Histoire du Japon, tom. II,* liv. V, chap. 7, pag. 164.

(4) *Suprà,* pag. 99.

grité quelques-uns des types originaux qui avoient été puisés jadis dans la source commune à toutes les autres mesures.

Sɪ ʟ'ᴏɴ ᴘᴀssᴇ chez les nations modernes de l'Europe, on trouve (1) :

En Norwège, la lieue de 10 au degré, ou de.............. 11111ᵐ, 111.
C'est la parasange de 60 stades de 216000.

En Suède, la lieue *d'un peu plus de* 10 $\frac{2}{5}$ *au degré* (lisez 10 $\frac{5}{12}$), = ... 10666 ; 667.
C'est la parasange de 60 stades de 225000.

En Pologne, en Lithuanie, la lieue commune de 20 au degré, = ... 5555 , 555.
C'est la parasange de 30 stades de 216000.

En Prusse, en Bavière, en Saxe, en Silésie, en Souabe, en Scanie, la lieue de 15 au degré, = ... 7407 , 407.
C'est la parasange de 40 stades de 216000.

En Allemagne, la lieue germanique de 12 $\frac{1}{2}$ au degré, =. 8888 , 889.
C'est la parasange de 60 stades de 270000.

Dans le Piémont, le mille de 50 au degré, = ... 2222 , 222.
C'est le mille de 10 stades de 180000.

Dans le Milanais et les États de Venise, le mille de *66 à 67 au degré* (lisez 66 $\frac{2}{3}$), = ... 1666 , 667.
C'est le mille de 10 stades de 240000.

En Espagne, la lieue commune de 17 $\frac{1}{2}$ au degré, ou de 4 milles, = ... 6349 , 206.
C'est la parasange de 4 milles ou de 40 stades de 252000.

Autre lieue de 3 milles, = ... 4761 , 905.
C'est la parasange de 3 milles ou de 30 stades de 252000.

Le mille ordinaire, le quart de la lieue de 17 $\frac{1}{2}$ au degré, = ... 1587 , 302.
C'est le mille de 10 stades de 252000.

(1) Voyez le *Traité des mesures itinéraires* de d'Ánville.

En France, la lieue commune de 25 au degré, =........ 4444^m,444.
C'est la parasange de 30 stades de 270000.

La lieue marine de 20 au degré, =............. 5555,555.
C'est la parasange de 30 stades de 216000.

Le mille marin, ou le mille géographique, de 60 au degré, =............................... 1851,852.
C'est le mille de 10 stades olympiques, ou de 216000.

IL SEROIT FACILE de multiplier ces exemples; mais je crois avoir réuni, dans mes deux Mémoires, plus de témoignages qu'il n'en faut pour montrer que les bases de tous les systèmes métriques linéaires que j'ai pu découvrir, soit chez les Grecs et les Romains, soit chez les Germains, les Gaulois, les Arméniens, les Syriens, les Hébreux, les Égyptiens, les Arabes, les Perses, les Indiens, les Chinois, les Japonois, se rattachent à la mesure de la terre, à un seul type primitif diversement modifié, et toujours conservé avec exactitude dans les variations qu'il a éprouvées. Cette unité de module peut seule expliquer la liaison, les rapports constans que présentent les différentes mesures anciennes, quand on cherche à les comparer, à les combiner entre elles ; et c'est en les rapprochant toutes, que les développemens d'une théorie très-simple m'ont conduit à des résultats confirmés à-la-fois par les observations astronomiques, par des monumens qui existent encore, par de nombreuses applications des anciennes mesures itinéraires, enfin par l'emploi de ces mêmes mesures, continué jusqu'aujourd'hui chez différens peuples et dans de vastes contrées, depuis les confins occidentaux de l'Europe jusqu'aux extrémités orientales de l'Asie.

TABLEAU

TABLEAU GÉNÉRAL

DES ANCIENS SYSTÈMES MÉTRIQUES

RÉGULIERS.

O

Doigts duodécimaux		Doigts décim.	Grands doigts	DÉNOMINATION DES MESURES	STADES PRIMITIFS. I. CIRCONFÉRENCE de la Terre, 400000 stades. Degré, 1111 1/9. (Mètr.)	II. CIRCONFÉRENCE de la Terre, 300000 stades. Degré, 833 1/3. (Mètr.)	III. CIRCONFÉRENCE de la Terre, 360000 stades. Degré, 1000. (Mètr.)
1	1			Doigt duodécimal	0, 010417	0, 013889	0, 011574
1 1/5		1		Doigt décimal	0, 012500	0, 016667	0, 013889
1 1/3		1 1/9	1	Grand doigt, Once, Pouce	0, 013889	0, 018518	0, 015432
2				Condyle	0, 020833	0, 027778	0, 023148
4				Palme	0, 041667	0, 055555	0, 046296
8				Dichas	0, 083333	0, 111111	0, 092593
	10			(Demi-pygon)	0, 104167	0, 138889	0, 115741
12		10		Spithame, *800 au stade*	0, 125000	0, 166667	0, 138889
16			12	Pied, *600 au stade*	0, 166667	0, 222222	0, 185185
18				Pygme	0, 187500	0, 250000	0, 208333
	20			Pygon	0, 208333	0, 277778	0, 231481
24		20		Coudée commune, *400 au stade*	0, 250000	0, 333333	0, 277778
32			24	Grande coudée, *300 au stade*	0, 333333	0, 444444	0, 370370
	40			Pas simple, *240 au stade*	0, 416667	0, 555555	0, 462963
48		40	36	Double coudée commune ou Verge, *200*	0, 500000	0, 666667	0, 555555
72				Xylon	0, 750000	1, 000000	0, 833333
	80		60	Pas double, *120 au stade*	0, 833333	1, 111111	0, 925926
96		80	72	Orgyie, *100 au stade*	1, 000000	1, 333333	1, 111111
	160		120	Calame ou Acène, *60 au stade*	1, 666667	2, 222222	1, 851852
960		800	720	Amma, *10 au stade*	10, 000000	13, 333333	11, 111111
	1600		1200	Plèthre, *6 au stade*	16, 666667	22, 222222	18, 518518
9600		8000	7200	STADE	100, 000000	133, 333333	111, 111111
19200		16000	14400	Diaule	200, 000000	266, 666667	222, 222222
96000		80000	72000	Mille, *de 10 stades*	1000, 000000	1333, 333333	1111, 111111
				Schœnes ou Parasanges de — 30 stades, ou 3 milles	3000, 000000	4000, 000000	3333, 333333
				Schœnes ou Parasanges de — 40 stades, ou 4 milles	4000, 000000	5333, 333333	4444, 444444
				Schœnes ou Parasanges de — 60 stades, ou 6 milles	6000, 000000	8000, 000000	6666, 666667

STADES SECONDAIRES.			STADES TERTIAIRES.			
IV.	V.	VI.	VII.	VIII.	IX. 1.	IX. 2.
CONFÉRENCE e la Terre, 240000 stades.	CIRCONFÉRENCE de la Terre, 180000 stades.	CIRCONFÉRENCE de la Terre, 216000 stades.	CIRCONFÉRENCE de la Terre, 270000 stades.	CIRCONFÉRENCE de la Terre, 225000 stades.	CIRCONFÉRENCE de la Terre, 250000 stades.	CIRCONFÉRENCE de la Terre, 252000 stades.
egré, 666 ⅔.	Degré, 500.	Degré, 600.	Degré, 750.	Degré, 625.	Degré, 694 ⁴⁄₉.	Degré, 700.
Métr.	Métr.	Métr.	Métr.	Métr.	Métr.	Métr.
0, 017361	0, 023148	0, 019290	0, 015432	0, 018518	0, 016667	0, 016534
0, 020833	0, 027778	0, 023148	0, 018518	0, 022222	0, 020000	0, 019841
0, 023148	0, 030864	0, 025720	0, 020576	0, 024691	0, 022222	0, 022046
0, 034722	0, 046296	0, 038580	0, 030864	0, 037037	0, 033333	0, 033069
0, 069444	0, 092593	0, 077160	0, 061728	0, 074074	0, 066667	0, 066138
0, 138889	0, 185185	0, 154321	0, 123457	0, 148148	0, 133333	0, 132275
0, 173611	0, 231481	0, 192901	0, 154321	0, 185185	0, 166667	0, 165344
0, 208333	0, 277778	0, 231481	0, 185185	0, 222222	0, 200000	0, 198413
0, 277778	0, 370370	0, 308642	0, 246914	0, 296296	0, 266667	0, 264550
0, 312500	0, 416667	0, 347222	0, 277778	0, 333333	0, 300000	0, 297619
0, 347222	0, 462963	0, 385802	0, 308642	0, 370370	0, 333333	0, 330688
0, 416667	0, 555555	0, 462963	0, 370370	0, 444444	0, 400000	0, 396825
0, 555555	0, 740741	0, 617284	0, 493827	0, 592593	0, 533333	0, 529101
0, 694444	0, 925926	0, 771605	0, 617284	0, 740741	0, 666667	0, 661376
0, 833333	1, 111111	0, 925926	0, 740741	0, 888889	0, 800000	0, 793651
1, 250000	1, 666667	1, 388889	1, 111111	1, 333333	1, 200000	1, 190476
1, 388889	1, 851852	1, 543210	1, 234568	1, 481481	1, 333333	1, 322751
1, 666667	2, 222222	1, 851852	1, 481481	1, 777778	1, 600000	1, 587302
2, 777778	3, 703704	3, 086420	2, 469136	2, 962963	2, 666667	2, 645503
16, 666667	22, 222222	18, 518518	14, 814815	17, 777778	16, 000000	15, 873016
27, 777778	37, 037037	30, 864197	24, 691358	29, 629630	26, 666667	26, 455026
166, 666667	222, 222222	185, 185185	148, 148148	177, 777778	160, 000000	158, 730159
333, 333333	444, 444444	370, 370370	296, 296296	355, 555555	320, 000000	317, 460317
666, 666667	2222, 222222	1851, 851852	1481, 481481	1777, 777778	1600, 000000	1587, 301587
000, 000000	6666, 666667	5555, 555555	4444, 444444	5333, 333333	4800, 000000	4761, 904762
666, 666667	8888, 888889	7407, 407407	5925, 925926	7111, 111111	6400, 000000	6349, 206349
000, 000000	13333, 333333	11111, 111111	8888, 888889	10666, 666667	9600, 000000	9523, 809524

TABLE
DES DIVISIONS DE L'OUVRAGE.

FIN DE LA TABLE.

TABLE DE QUELQUES MESURES PARTICULIÈRES.

PIED.... Drusien, *page* 41.

Grec ou Olympique, *voyez*, dans le Tableau général, le pied du Stade de 216000.

Italique, 16, 17, 54, 57, 58, 61, 63.

Ptolémaïque, des Alexandrins, 41, 63, 64, 65.

Ptolémaïque, des Cyrénéens, 41, 42, 64.

Pythique, de Censorin, 15, 16.

Romain, 40, 57, 62, 63, 64, 65.

Royal ou Philétéréen, 54, 57, 58, 60, 61, 63.

COUDÉE du nilomètre d'Éléphantine, 25-27, 54, 55, 66, 67.

du nilomètre de Roudah, 65.

du Sanctuaire, ou Coudée légale des Juifs, 72.

Noire, des Arabes, 78, 80-83, 95.

Royale, de Babylone, 74.

Royale, des Alexandrins, 63, 64, 65.

Royale ou Hachémique, des Perses et des Arabes, 80-82.

Royale, de 3 spithames, des Arabes, 91, 92.

ORGYIE de 112 doigts, 48, 51, 53, 59, 60, 61, 62.

STADE.. dit d'Ératosthène, 20-22, 46, 53. *Voyez* le Stade de 252000 dans le Tableau général.

du Dolique syrien, 18, 19, 20, 31, 32, 33, 38, 39, 40, 47, 48, 49, 50, 53, 55, 56, 57, 58, 82, 103. *Voyez* le Stade de 225000 dans le Tableau général.

des Stades, des Arméniens, 43-45.

Italique, 15, 16, 17, 18, 24, 25, 39, 40, 47, 50, 55, 57. *Voyez* le Stade de 270000 dans le Tableau général.

Olympique, *voyez* le Stade de 216000 dans le Tableau général.

Pythique, de Censorin, 15-17.

de 7 au mille, 31, 32, 33, 43, 44, 46.

de $7\frac{1}{7}$ au mille, 44, 45.

de $7\frac{1}{2}$ au mille, 31, 32, 33, 47, 48, 49, 53, 58, 92.

de 8 au mille, 19, 20, 31, 32, 33, 37, 38, 40.

de $8\frac{1}{3}$ au mille, 19, 20, 31, 32, 33, 40, 47, 48, 49, 53, 55, 56, 57, 58, 82, 103.

de 10 au mille, 8, 9, 10, 17, 29, 30, 31, 32, 37, 40, 45, 46, 47, 50, 53, 58, 62, 82, 86, 88, 90, 92, 103, 104.

de 12 au mille, *voyez* Stade du Dolique syrien.